农作物植保员

霍永强　常雪梅　杨　霞　夏　伟　张瑞波　苗志华　主编

U0306872

中国农业科学技术出版社

图书在版编目(CIP)数据

农作物植保员 / 霍永强等主编. --北京：中国农业科学技术出版社，2023.5

ISBN 978-7-5116-6273-6

Ⅰ.①农…　Ⅱ.①霍…　Ⅲ.①作物-植物保护　Ⅳ.①S4

中国国家版本馆 CIP 数据核字(2023)第 088173 号

责任编辑	白姗姗
责任校对	李向荣
责任印制	姜义伟　王思文

出 版 者	中国农业科学技术出版社
	北京市中关村南大街 12 号　　邮编：100081
电　　话	(010) 82106638 (编辑室)　　　(010) 82109702 (发行部)
	(010) 82109709 (读者服务部)
网　　址	https://castp.caas.cn
经 销 者	各地新华书店
印 刷 者	河北鑫彩博图印刷有限公司
开　　本	140 mm×203 mm　1/32
印　　张	4.75
字　　数	120 千字
版　　次	2023 年 5 月第 1 版　2023 年 5 月第 1 次印刷
定　　价	39.80 元

《农作物植保员》
编 委 会

主　编： 霍永强　　常雪梅　　杨　霞　　夏　伟

　　　　　张瑞波　　苗志华

副主编： 王天颐　　郭风霞　　董建国　　袁俊生

　　　　　赵　静　　温　晶　　王占梅　　张　健

　　　　　胡春玲　　惠晓霞　　兰百虎　　郝入锋

　　　　　王　静　　韩云松　　黄瑞芬　　卢炜炜

　　　　　辛少庆　　李子平　　薛瑞琴　　尹功超

　　　　　孙秀兰　　秦　凯　　尹朝霞　　罗爱玲

　　　　　杜振威　　叶建勋　　翟东坡　　郝占永

　　　　　刘　辉　　赵铁军　　袁顺利　　赵　媛

　　　　　王欢欢　　张　倩　　倪海峰　　郑艳丽

　　　　　陈　曦

编　委： 刘佳勋　　陆国荣

前　　言

农作物病虫害防控，关系国家粮食安全。植保员专门从事防止为害植物的危险性病、虫传播蔓延，保护农业生产安全的管理工作。植保员对于保证农作物增产、农民增收目标的实现有着重要的作用。

本书共 13 章，包括农作物植保员概论、水稻病虫害绿色防控、玉米病虫害绿色防控、小麦病虫害绿色防控、谷子病虫害绿色防控、大豆病虫害绿色防控、花生病虫害绿色防控、油菜病虫害绿色防控、甘薯病虫害绿色防控、蔬菜病虫害绿色防控、农药的应用技术、植保机械、植保无人机等内容。

本书通俗易懂，实践性和实用性强，可作为农村农作物植保员培训用书。

编　者

2023 年 4 月

目　　录

第一章 农作物植保员概论

农作物植保员是指从事预防和控制有害生物对农作物及其产品的危害，保护安全生产的人员。

第一节 植保无人机技术助力农业生产提质增效

与传统人工喷施相比，植保无人机具有高效快捷、降低成本、节约人力物力、更环保安全的优势。现代新型技术在农业生产上的运用，可促进农业降低成本、增产增收。

目前普遍采用的遥控式农业喷药无人小飞机，体型娇小而功能强大，作业效率高，具有全地形作业能力和节水省药等自身独特优势，不仅用于水稻，还可广泛适用于油菜、果园等农作物植保。

植保无人机一般可负载 $8\sim10kg$ 农药，在低空喷洒农药，每分钟可完成 1 亩（1 亩 $\approx667m^2$）地的作业，其喷洒效率是传统人工的 30 倍。植保无人机采用智能操控，操作手通过地面遥控器及 GPS 定位对其实施控制，其旋翼产生的向下气流有助于增加雾流对作物的穿透性，防治效果好，同时远距离操控施药大大提高了农药喷洒的安全性，还能通过搭载视频器件，对农业病虫害等进行实时监控。植保无人机发展前景十分看好，不仅成为粮油等农作物生产的杀虫利器，更是确保农业丰产丰收的护航利器。

目前，我国植保无人机的应用领域除了打药、除虫外，已经延伸到播种、施肥等过程，在有效控制农作物病虫害的同时，还促进了植保社会化服务组织壮大，使高效植保机械装备水平得到提高，服务作业能力得到增强。

第二节　做好植物保护工作的优化策略

基于植保工作开展水平会对农作物生长产生直接、深刻的影响，需就当前植保工作存在的主要问题，采取有效的工作策略，积极践行绿色发展观，形成完善的农作物植物保护、监管体系，并提高广大农民与种植户的重视度，使其积极配合植保工作实施。

一、提升对植保工作的认识

为提高工作开展效率和作物种植工作推进水平，要转变工作思想，做好组织工作。

一方面，植保员对作物生长情况进行观察、记录，并制订合理的植保工作方案。例如，需建立信息化植保管理平台，依据往年病虫害发生频次，结合当年的农作物种植结构、耕种方式、气象信息等，进行全面分析，制定植保防范预警制度。只有提高工作人员的认识，使其认识到肩头的责任之重，构建"科学管控、高效植保"的工作理念，避免对农药应用形成依赖，引入新的植保技术，才能对种植工作开展形成系统性指导，做好专业化防控，提高植保工作开展效率。

另一方面，应体现农户与种植人员的主体作用，使其认识到植保工作的重要性，能够及时转变工作视角。为此，可举办专门的科普培训班，促进种植工作人员与专家的交流；还应重视对融媒体平台的利用，通过电视、广播、公众平台等，使农户获取有益的植保知识，提高他们的专业素养。例如，可结合农民与种植户的特点，以符合其阅读习惯的信息推送方式，促进对植保知识的宣传；在短视频平台，还可推出接地气、更生动的讲解视频，使其切实认识到推进植保工作是为了维护农民的利益，促进安全生产，保障农作物的种植品质，以使种植迈入绿色、生态、安全的发展新路径，实现种植工作与自然环境保护的有机统一。如此一来，才能使植物保护工作及时、精准、高效地推进，有效应对特殊天气，做好不同农作物的病虫害防治。

二、促进对技术的有效应用

在植保工作实施中，为了确保农作物的稳健生长，还需关注技术应用问题。尤其随着民众生活水平的提高，人们对蔬菜、瓜果等的产品品质要求不断提高。传统的植保方式存在一定的单一性、滞后性缺陷，应促进设备革新、技术升级，丰富种植种类，避免连作造成病虫害发生。

只有革新工作理念，引入先进设备，对老旧设备与技术进行替换，才能夯实植保工作开展基础。例如，可引入高压静电喷雾器，提高植保工作效率，为种植工作开展提供保障。另外，还可引入高空测报灯。如水稻、玉米种植过程中会发生草地贪夜蛾侵害，测报灯可通过系统的自动识别与测报，进行成虫消杀。并且，还可以引入风吸式太阳能杀虫灯与生物防控技术，减少对化学农药的使用，使病虫害防治效果更显著，助力农业种植与植保工作的协调发展。

三、形成综合植保工作机制

为了更好地解决植保工作问题，促进植保工作提质增效，还应形成综合植保工作机制。一是应重视对监控预警设备、大数据、云平台等的运用，结合病虫害发生问题，形成全面预防机制，促进信息共享，实现针对性治理，并且应让农民意识到过度使用药剂的危害，可以采用生物防治、物理防治与低毒低残留药剂联合应用的方式，降低病毒、细菌滋生概率。二是需关注生态发展问题，结合当地的土壤、环境条件，展开植保工作。可调整种植环境的温湿度，做好田间管理。三是应合理施肥，促进农作物生长，以防出现生产浪费、土壤板结问题。

第二章　水稻病虫害绿色防控

第一节　病　害

一、立枯病

（一）为害症状

该病主要发生在秧田期。幼苗发病，在谷壳或秧苗基部，出现赤色绒毛状物，秧苗枯萎，基部腐烂，一拔就断。成秧期，初发病在茎基部出现椭圆形褐色病斑，在谷壳或秧苗基部出现赤色绒毛状物，叶子白天萎蔫，晚上恢复；以后病斑渐凹陷，发展到绕茎一周时，病部缢缩干枯，但病株不倒伏，故称"立枯"。

（二）防治措施

（1）适期播种。在日平均气温稳定在14℃以上时播种。

（2）选种。要通过适宜的选种手段，将秕谷除去，只播种饱满的好种子。

（3）搞好种子消毒灭菌处理。用20%移栽灵1 000倍液浸芽谷10min，或者用20%移栽灵2 000倍液+25%咪鲜胺4 000倍液浸种，可以很好地预防水稻烂秧。

（4）搞好秧床消毒。落谷前，每平方米用20%移栽灵2g，兑水2kg，喷浇床面，可以很好地预防烂秧发生。

（5）科学施肥。在培肥秧床或制作育秧土时，要施用充分腐熟的有机肥，禁止使用没有经过腐熟的有机肥；要适量施用化肥。

（6）搞好水层管理。要根据秧苗生长发育规律浇灌秧苗，干湿有度，协调好水与气的关系。

二、绵腐病

（一）为害症状

发病较早，一般在播种后 5~6d 就可发病，主要为害幼芽与幼根。初发时，受害部位出现乳白色胶状物，以后长出白色绵状物，最后变成土黄色，种子内部腐烂，幼苗枯死。

（二）防治措施

参照立枯病的防治措施。

三、青枯病

（一）为害症状

叶片先卷成筒状，继而发黄，但根部未死，最后全株枯死变红，状若落叶的松针，成团成片死亡。

（二）防治措施

（1）有机肥施用前一定要充分腐熟，要少量施用化肥。

（2）促进立苗扎根。无论哪种育苗方式，立苗期（播种至 1 叶 1 心期）都要保持床面湿润，床面不上水，促进秧苗扎根。

（3）注意水温调节。湿润育秧的扎根期（1 叶 1 心期至 3 叶 1 心期）遇低温时，夜灌昼排；遇高温时，昼灌夜排。薄膜覆盖育秧的，炼苗期，白天通风炼苗时，畦面要上水，晚上盖膜时再将水排净；揭膜期，揭膜前床面上深水护苗。

四、恶苗病

（一）为害症状

病谷粒播后常不发芽或不能出土。

秧田期发病，多数病苗比健苗细高，叶片叶鞘细长，叶色淡黄，根系发育不良。也有少数病苗比健苗矮。部分病苗在移栽前死亡，在枯死苗上有淡红或白色霉粉状物，即病原菌的分生孢子。

秧田发病，分蘖少或不分蘖；节间明显伸长，节部常有弯曲露于叶鞘外，下部茎节逆生多数不定须根；剥开叶鞘，茎秆上有暗褐条斑；剖开病茎可见白色蛛丝状菌丝，以后植株逐渐枯死。湿度大时，枯死病株表面长满淡褐色或白色霉粉状物，后期生黑色小点即病菌囊壳。病轻的提早抽穗，穗形小而不实。抽穗期谷粒也可受害，严重的变褐，不能结实，颖壳夹缝处生淡红色霉；病轻不表现症状，但内部已有菌丝潜伏。

（二）防治措施

（1）建立无病留种区，不在发生恶苗病的稻田留种。

（2）选择抗病稻种。

（3）做好药剂浸种。选用咪鲜胺、抗菌剂 402、1% 石灰水或二硫氰基甲烷常温浸种。

（4）要施用腐熟有机肥，氮、磷、钾配合施肥。

五、细菌性褐斑病

（一）为害症状

水稻细菌性褐斑病又称细菌性鞘腐病，可为害叶片、叶鞘、茎、节、穗、枝梗和谷粒。

叶片染病，初为褐色水渍状小斑，后扩大为纺锤形或不规则赤褐色条斑，边缘出现黄晕，病斑中心灰褐色；病斑常融合成大条斑，使叶片局部坏死，多不见菌脓；有时可见黄褐色菌脓，病叶发黄。

叶鞘受害，多发生在幼穗抽出前的穗苞上，病斑赤褐，短条状，后融合成水渍状不规则大斑，后期中央灰褐色，组织坏死；剥开叶鞘，茎上有黑褐色条斑，剑叶发病严重时抽不出穗。

穗轴、颖壳等部受害，产生近圆形褐色小斑，严重时整个颖壳变褐，并深入米粒。

（二）防治措施

（1）浅水勤灌，不要长时间深灌。

（2）配方施肥，不要偏施氮肥。

（3）要灌排分开，不回灌、串灌。

（4）对要发病稻田，要及时放水晒田。选用27.12%碱式硫酸铜（铜高尚）60~90mL/亩、2%春雷霉素水剂100~200mL/亩、10%氯霉素可湿性粉剂60~70g/亩，或72%农用链霉素15~30g/亩，兑水5kg，弥雾机茎叶喷雾。

六、条纹叶枯病

（一）为害症状

苗期发病，心叶基部出现褪绿黄白斑，后扩展成与叶脉平行的黄色条纹，条纹间仍保持绿色。品种间表现有差异，有的品种心叶黄白、柔软、下垂，呈枯心状；有的品种不呈现枯心，表现为黄绿相间的条纹，分蘖减少，提早枯死。条纹叶枯病引起的枯心，与螟虫钻心引起的枯心相似，但是无蛀孔，无虫粪，不易拔断。

分蘖期发病，先在心叶下一叶出现褪绿黄斑，后扩展形成不规则黄白条斑，老叶不显病；有的枯心，有的不枯心，病株常枯孕穗，或穗小畸形不实。

拔节后发病，在剑叶下部出现黄绿色条纹，不枯心，但穗畸形，结实粒少。

（二）防治措施

（1）尽量避免与麦田插花种植。

（2）种植抗病品种。

（3）治虫防病。坚持"切断毒链，治虫控病"的防治策略，多个环节防治灰飞虱。首先，要抓好冬麦田防治关，在灰飞虱迁飞前，一般于5月上旬前，用吡虫啉、啶虫脒、丁硫克百威等喷雾，将其消灭在麦田中。其次，搞好水稻吡虫啉浸种，预防秧田灰飞虱为害。一般用10%吡虫啉2g，兑水10kg，浸种5kg，常温浸种至种子吸足水为止。再次，搞好稻田周围杂草清理，及时防治稻田灰飞虱为害。最后，在病症初显时，亩用8%宁南霉素（菌克毒克）45mL，兑水喷雾。

七、胡麻斑病

（一）为害症状

胡麻斑病从苗期到抽穗成熟期都可发生。

秧苗受害，在叶片和叶鞘上的病斑多为椭圆形或近圆形，深褐色至暗褐色，有时病斑相连成条状，严重时引起秧苗枯死。

成株叶片受害，发病初期为褐色小点，后扩大成芝麻粒大小的椭圆形褐色病斑，周围有黄色晕圈，斑上隐见轮纹，老病斑中央呈黄褐色或灰白色，严重时叶片病斑密布，导致叶片干枯。

穗颈、枝梗感病，形成棕褐色条状大斑。

谷粒受害，受害早的病斑呈灰黑色，可扩展到整个谷粒；受害迟的病斑形状、色泽与叶片上的相似，只是病斑较小，边缘不明显，多个病斑可相互接合。

植株各部病斑在湿度大时，均可产生黑色霉层。

（二）防治措施

（1）选用抗病品种。

（2）加强稻田培肥。对盐碱瘠薄稻田，要落实好洗盐、增施有机肥、配方施肥等措施，为水稻生长创造良好的肥水环境。

（3）药剂浸种。播种前选用 10% 二硫氰基甲烷（浸种灵）5 000 倍液+25% 咪鲜胺（使百克）2 000 倍液，浸种 90h 左右，以杀灭种子上携带的胡麻斑病菌，同时防治水稻恶苗病、干尖线虫病和稻瘟病。

（4）化学防治。选用苯醚甲环唑·丙环唑（爱苗）15～20mL／亩，兑水 30kg，在水稻抽穗前 7d 左右（大部分剑叶叶枕始露出）和齐穗期各喷施 1 次，对防治胡麻斑病等病害、预防水稻早衰及降低空秕率和增加千粒重都有较好效果。

八、小球菌核病

（一）为害症状

小球菌核病主要为害稻株下部的叶鞘与茎秆。为害叶鞘，形成黑色椭圆形或纺锤形病斑，病斑可扩大至整个叶鞘表面，为害茎秆，常在基部离水面 10cm 左右处，形成黑褐色线条状病斑，严重时茎秆整段变黑腐朽，仅留维管束，易拔断，全株枯萎或贴地倒伏，秕谷率增加，千粒重降低。剖开叶鞘或茎秆的腐朽组织，可看到大量黑色菌核。

（二）防治措施

（1）选用抗病品种。

（2）消灭菌源。对发病稻田的稻桩，耕翻后拣出田外烧毁；将病稻草作燃料，不要还田。翌年灌水整田时，在下风的田边，打捞菌核，集中焚烧深埋。

（3）加强肥水管理。氮、磷、钾搭配施肥，防止氮肥过多、过迟，引起稻株贪青晚熟；孕穗后要浅水勤灌，既要防止长期深水灌溉，又不能后期断水过早。

（4）药剂防治。在水稻拔节期和孕穗期，亩用 25% 咪鲜胺 60mL，兑水 30kg 喷雾，要将药液喷到基部叶鞘上。另外，喷施多菌灵或多菌灵加福美双，对该病也有较好的防治效果。

九、稻瘟病

（一）为害症状

根据为害时期、为害部位不同，稻瘟病分为苗瘟、叶瘟、节瘟、穗颈瘟和谷粒瘟。

苗瘟，发生于 3 叶前，由种子带菌所致。病苗基部灰黑，上部变褐，卷缩而死，湿度较大时病部产生大量灰黑色霉层。

叶瘟，分蘖至拔节期为害较重，分为慢性型、急性型、白点型、褐点型。慢性型叶瘟，开始在叶上产生暗绿色小斑，逐渐扩大为梭形斑，常有延伸的褐色坏死线，病斑较多时连片形成不规则大斑。急性型叶瘟，在叶片上形成暗绿色近圆形或椭圆形病斑，病叶两面都产生褐色霉层。白点型叶瘟，多在嫩叶上产生白色近圆形小斑，不产生孢子。褐点型叶瘟，多在老叶上产生针尖大小的褐点，只产生于叶脉间，产生少量孢子。

节瘟，常在抽穗后发生，初在稻节上产生褐色小点，后渐绕节扩展，使病部变黑，易折断。

穗颈瘟，初形成褐色小点，发展后使穗颈部变褐，也造成枯白穗。

谷粒瘟，产生褐色椭圆形或不规则斑，可使稻谷变黑。有的颖壳无症状，护颖受害变褐，使种子带菌。

（二）防治措施

（1）选用抗病品种。

（2）播种前用咪鲜胺或抗菌剂 402 浸种。

（3）合理施肥。以有机肥为主，化肥为辅；底肥足，追肥早，巧补穗肥；节氮增施磷、钾肥，防止偏施氮肥，以增强植株抗病力，减轻发病。

（4）早查早治叶瘟。在水稻生长期间要经常查看病情，如发现发病中心要及时全田喷药防治。可选用的药剂有稻瘟灵、咪鲜胺、抗菌剂 402、春雷霉素。

（5）重点预防穗瘟。在破口前 7d 左右、齐穗期各喷药 1 次，药剂选用稻瘟灵、咪鲜胺、抗菌剂 402、春雷霉素。

十、纹枯病

（一）为害症状

纹枯病俗称"云纹病""花足秆""烂脚瘟"。叶鞘染病在近水面处产生暗绿色水浸状边缘模糊小斑，后渐扩大呈椭圆形或云纹形，中部呈灰绿或灰褐色，湿度低时中部呈淡黄或灰白色，中部组织破坏呈半透明状，边缘暗褐色。发病严重时数个病斑融合形成大病斑，呈不规则状云纹斑，常使叶片发黄枯死。

（二）防治措施

（1）清除菌源。春天灌水泡田时（此时菌核上浮），打捞菌核，带出田外烧掉或深埋。做到病草不还田，同时铲除田边杂草。

（2）加强肥水管理。贯彻"浅水勤灌，及时晒田，干干湿湿促灌浆"的用水原则，避免长期深灌，以水控病。同时，合理施用氮肥，注意氮、磷、钾肥的合理搭配。

（3）药剂防治。发病初期，亩用 5%井冈霉素 150~200mL，兑水 75kg，对水稻中下部进行喷雾或泼浇。

第二节　虫　害

一、稻水蝇

（一）为害症状

稻水蝇属双翅目水蝇科，别名水稻蝇蛆。稻水蝇是盐碱地稻区苗期重大害虫，可造成毁灭性灾害。幼虫蛀食刚萌动露白的稻种，造成烂种缺苗；咬食或钩断水稻初生根和次生根，造成漂秧；幼虫夹在稻根上化蛹，一株水稻苗的根系上常有整齐排列的百十头蛹，严重阻碍稻根正常生长，致使稻株矮小瘦弱。

（二）防治措施

（1）彻底改治盐碱稻田。稻田要灌排配套，土地平整，洗盐压碱。

（2）推广插秧种植，减少幼虫蛀食机会。

（3）采取浅水勤灌、适时晒田的原则，创造不利于成蝇栖息和产卵的环境。

（4）化学防治。将田水放浅至 1~2cm 后，亩用 90% 的美曲膦酯晶体 100g，稀释 1 000 倍后喷雾或泼浇水稻根部。

二、稻摇蚊

（一）为害症状

稻摇蚊属双翅目摇蚊科，其幼虫俗称红线虫。在北方水稻区的直播稻田和秧田中有时可造成毁灭性灾害，盐碱地稻田尤为严重。秧田出苗期和本田返青到分蘖期受害最重。稻摇蚊幼虫生活在稻田水底，蛀食萌动的稻种，为害水稻的幼芽及胚根，导致绵腐病发生，造成烂种、黄苗、死苗；幼虫为害稻根，造成偏根苗、独根苗和无根苗，加之幼虫蠕动，常出现倒苗、浮苗现象。当浮苗现象出现时，幼虫已大多接近老熟。

（二）防治措施

（1）清除杂草，消灭成虫越冬场所。

（2）适当早播。采用薄膜育秧，加强田间管理，可避免受害。

（3）晒田。发现幼虫为害时，排水晒田，可使幼虫干死。

（4）药剂防治。同稻水蝇。

三、稻水象甲

（一）为害症状

稻水象甲属鞘翅目象甲科。幼虫在水稻根内和根上取食，1~3龄幼虫蛀食根部，4龄后爬出稻根直接咬食根系。幼虫密集根部取食，刮风时植株倾倒，甚至被拔起浮在水面上，受损严重的根系变黑腐烂，致使稻株生长受阻，最终导致严重减产。成虫多在叶片的叶缘或中间沿叶脉方向啃食叶肉，留下表皮，形成长短不等的长条白斑，长度不超过3cm。

（二）防治措施

（1）加强检疫。禁止从疫区调运稻草、稻谷、秧苗等。

（2）化学防治。防治稻水象甲成虫，每亩用48%毒死蜱150mL兑水30kg喷雾；防治稻水象甲幼虫，每亩用48%毒死蜱200mL拌30kg细土撒施。

四、稻蓟马

（一）为害症状

稻蓟马属缨翅目蓟马科。蓟马以成虫、若虫锉吸稻株汁液为害，使稻株出现花斑、表皮破损、组织失水、卷叶等症状。拔节以前的幼苗期、分蘖期是稻蓟马为害最重的时期，一般有若虫1~2只可引起卷尖；5~8只可使叶片大部分卷起；10只以上便能使全叶纵卷。为害穗部的蓟马常食颖壳内壁或子房，影响结实，并使颖壳变褐色或成秕谷。

（二）防治措施

（1）清除田边杂草，尽量避免麦稻插花种植。合理施肥，避免偏施氮肥。

（2）搞好药剂浸种，一般用 25% 吡虫啉悬浮剂 4g，兑水 10kg，浸种 5kg。

（3）水稻生长期间，可用 10% 吡虫啉可湿性粉剂 1 500 倍液喷雾，亩喷药液 30kg，或 45% 马拉硫磷乳油 120mL/亩，兑水 40kg 喷雾。

五、稻纵卷叶螟

（一）为害症状

稻纵卷叶螟属鳞翅目螟蛾科，别名刮青虫，以幼虫为害水稻。初孵幼虫先从叶尖沿叶脉来回走动，然后钻入心叶或由稻蓟马为害形成的卷叶中食叶肉，出现针头状白色小点，很少结苞。2 龄开始在叶尖或稻叶的上中部吐丝，缀连成小苞，也称"卷尖期"，幼虫啃食叶肉，受害处呈透明白条状。3 龄后开始转苞为害，虫苞多为单叶纵卷。4 龄后转株频繁，虫苞大，抗药性强，为害重。

（二）防治措施

稻纵卷叶螟幼虫一旦超过 2 龄，即快速卷叶，卷叶后药剂难以接触虫体，防治效果差。因此，要适期防治。

（1）农业防治。选择抗（耐）虫品种；推行壮秧稀植栽培技术，增加田间通风透光条件，降低田间湿度；科学用水，氮、磷、钾合理搭配，防止稻苗旺长，后期贪青迟熟。

（2）化学防治。在幼虫 1 龄盛期或百丛有新束叶苞 15 个以上时，用 5% 阿维菌素（爱维丁）200mL/亩，或 15% 阿维·毒死蜱（卷叶杀）200mL/亩，兑水 50kg，喷雾。

六、稻飞虱

（一）为害症状

褐飞虱为害严重时，稻丛基部常变黑发臭，甚至整株枯死。

水稻孕穗、抽穗期受害后，稻叶发黄，生长低矮，形成黄塘，影响抽穗结实；至乳熟期田间常因严重受害而呈点、片枯黄，倒伏，俗称"冒穿"或"透顶"，造成谷粒千粒重下降，秕粒增多，甚至颗粒无收。

灰飞虱除本身为害水稻外，还传播水稻矮缩病和条纹叶枯病。

（二）防治措施

（1）合理密植，及时拔除稻田杂草。科学肥水管理，防止水稻贪青徒长。

（2）稻田养鸭。一般每亩地放养 15 只鸭子，就能控制稻飞虱为害，也能消除田间杂草。

（3）药剂防治。25% 噻嗪酮（扑虱灵）可湿性粉剂每亩 25~30g，加水 50kg 喷雾。

七、二化螟

（一）为害症状

二化螟属鳞翅目螟蛾科，俗名钻心虫、蛀心虫、蛀秆虫等，以幼虫为害水稻。初孵幼虫群集叶鞘内为害，造成枯鞘，2 龄以上幼虫蛀入稻株内为害。在水稻分蘖期，咬断稻心，形成枯心苗；孕穗期形成死孕穗；抽穗期形成白穗；乳熟期至成熟期为害造成虫伤株。被二化螟为害的稻株，遇大风易倒折，用手轻轻一提很容易抽出，可见虫口和二化螟的粪便。

（二）防治措施

化学药剂防治是当前控制水稻二化螟为害的重要措施。二化螟是钻蛀性害虫，一旦幼虫蛀入茎秆内，防治效果较差。二化螟幼虫从孵化到蛀入茎秆大约需要半个月时间，所以这段时间是防治最佳时间。防治过早，虫卵未孵化为幼虫，药剂不能发挥作用；防治过晚，幼虫蛀进茎秆，防治药效差。因此，判断防治二化螟的时间非常关键。一般情况下，从6月中旬开始观察水稻茎秆在水面上10cm左右位置，当叶鞘出现不规则变黄现象，重者伴有褐色条纹时，扒开叶鞘，在叶鞘内会发现二化螟幼虫，此时是防治二化螟的最佳时间。可选择氯虫苯甲酰胺（康宽）10mL/亩，或40%氯虫·噻虫嗪水分散粒剂（福戈）8g/亩，兑水30kg，茎叶均匀喷雾。

第三章　玉米病虫害绿色防控

第一节　病　害

一、苗期根腐病

（一）为害症状

苗期引起根系及茎基部染病部位变褐坏死。发病初期，玉米苗根尖或根中部出现褐色病斑，病斑不断扩展，可使全部根系变褐，须根初期出现水渍，变黄，后腐烂坏死，根皮容易脱落。病害可蔓延至地上部，茎基、叶片出现云纹状褐色病斑。

（二）防治措施

（1）实行大面积轮作。

（2）采用高垄或高畦栽培，认真平整土地，防止大水漫灌和雨后积水。苗期注意松土，增加土壤通透性。

（3）适期播种，不宜过早。

二、玉米粗缩病

（一）为害症状

感染玉米植株叶片宽短僵直，叶色浓绿。节间粗短，顶叶簇生状如君子兰。叶背、叶鞘及苞叶的叶脉上具有粗细不一的蜡白色条状突起，有明显的粗糙感。植株严重矮化，雄穗退化，雌穗畸形，严重时不能结实。

（二）防治措施

在玉米粗缩病的防治上，要坚持以农业防治为主、化学防治为辅的综合防治方针，其核心是控制毒源、减少虫源、避开为害。

三、玉米丝黑穗病

（一）为害症状

玉米丝黑穗病是幼苗侵染的系统性病害，一经发病，首先破坏雌穗，发病率等于损失率。有些品种在幼苗长出 6~7 片叶时表现出明显的症状，病苗矮化、节间缩短；但有的品种苗期症状不明显，到抽雄或出穗后才在雄花和果穗上表现明显的症状。

（二）防治措施

1. 种植抗病品种

如农大 108、郑单 958、邢抗 2 号、张玉 2 号等，都是对丝黑穗病抗性较强的品种，在引种时一定要测定抗病性再推广。

2. 合理布局和轮作

避免连作是减少田间病原菌量、减轻发病的有效措施，可结合当前各地的产业结构调整。一般 3 年轮作才能达到防病的要求，但轮作 1~2 年就可明显减少损失。

3. 加强田间管理

根据土壤温湿度掌握播期，适时早播，春旱年份抢墒播种；根据土壤墒情灵活掌握播种深度，过深有利于发病，浅播有利于防病；苗期结合田间除草及早拔病株，在植株抽出雄穗后症状明显，在雄穗齐穗期将感病雌穗掰下在田外深埋，并将病株砍倒；收获后秸秆不要堆放田头，要焚烧或深埋；及时灭茬进行深耕、耙糖保墒，尽量减少病菌侵染。

4. 药剂拌种

选用对丝黑穗病防效好的立克秀、速保利等农药拌种，能抑制病菌的萌发生长，达到防病增产的效果。具体方法是：10kg玉米种子用2%立克秀湿拌种剂30g或2%速保利可。

四、玉米矮花叶病

（一）为害症状

玉米矮花叶病（也叫花叶条纹病）在玉米整个生长期中均可为害。发病初期，首先在最幼嫩的叶片上表现不规则、浅绿或暗绿色的条点或斑块，形成斑驳花叶，并可发展成沿叶脉的狭窄条纹。生长后期，病叶变成黄绿色或紫红色而干枯。病株的矮化程度不一，早期感病矮化较重，后期感病矮化轻或不矮化。早期侵染能使玉米幼苗根茎腐烂而死苗。受害植株，雄穗不发达，分枝减少，甚至退化，果穗变小，秃顶严重，有的还不结实。

（二）防治措施

（1）选用抗病品种。

（2）清除田间杂草，拔除感病弱苗，选用壮苗移栽，减少毒源。

（3）加强肥水管理，提高抗病能力。

（4）药剂治蚜防病。矮花叶病是病毒病，用一般的杀菌剂防治效果不佳，宜选用7.5%克毒灵、病毒A、83增抗剂等抗病毒剂，并抓紧在发病初期施药，每隔7d喷1次。也可用乐果乳剂1 000倍液，或氧化乐果1 200~1 500倍液于麦蚜迁移盛期喷雾1~2次，可杀死蚜虫介体，减轻为害。若与麦田防治蚜虫结合，效果更佳。

五、玉米瘤黑粉病

（一）为害症状

玉米瘤黑粉病是一种局部侵染性病害，它可侵染玉米的各个部位，主要侵染玉米受伤叶片、茎秆和雌雄穗，侵染后侵染部位病组织肿大成"疙瘩状"，好像人身上长出的"瘤子"一样，外包有一层薄膜，开始为白色、淡紫红色或黄色，后逐渐变为灰黑色，内部充满黑粉。

（二）防治措施

1. 消灭初侵染来源

在玉米收获后，应及时清除遗留在田间的病株残体，进行集中深埋或焚烧，减少土壤菌源量。

2. 种子拌种

用立克秀种衣剂进行拌种。建议进行轮作倒茬，破坏病原菌的生存环境。

3. 进行土壤处理

结合秋翻或翌年春耕，用三唑酮可湿性粉剂 500 倍液、多菌灵或百菌清可湿性粉剂 700 倍液，亩用药液 80~100kg 对土壤进行喷雾。

4. 合理施肥

增施磷、钾肥，避免偏施氮肥。

5. 进行人工去除

在发病初期或玉米去雄后，应将发病部位的病原菌——"瘤子"进行人工去除，用袋子带出田外进行集中深埋或焚烧销毁，减少田间菌源量。切不可随意乱扔、乱倒。

六、玉米大斑病

（一）为害症状

玉米大斑病又称条斑病、煤纹病、枯叶病、叶斑病等。主要为害玉米的叶片、叶鞘和苞叶。叶片染病先出现水渍状青灰色斑点，然后沿叶脉向两端扩展，形成边缘暗褐色、中央淡褐色或青灰色的大斑。后期病斑常纵裂。

（二）防治措施

玉米大斑病的防治应以种植抗病品种为主，加强农业防治，辅以必要的药剂防治。

1. 选种抗病品种

根据当地优势小种选择抗病品种，注意防止其他小种的变化和扩散，选用不同抗性品种及兼抗品种。

2. 加强农业防治

适期早播，避开病害发生高峰。施足基肥，增施磷、钾肥。做好中耕除草培土工作，摘除底部 2~3 片叶，降低田间相对湿度，使植株健壮，提高抗病力。玉米收获后，清洁田园，将秸秆集中处理，经高温发酵用作堆肥。实行轮作。

3. 药剂防治

对于价值较高的育种材料及丰产田玉米，可在心叶末期到抽雄期或发病初期喷洒 50% 多菌灵可湿性粉剂 500 倍液，或 50% 甲基硫菌灵可湿性粉剂 600 倍液、75% 百菌清可湿性粉剂 800 倍液、25% 苯菌灵乳油 800 倍液、40% 克瘟散乳油 800~1 000 倍液、农抗 1:20 水剂 200 倍液，隔 10d 防治 1 次，连续防治 2~3 次。

七、玉米小斑病

又称玉米斑点病，为我国玉米产区重要病害之一，在黄河和长江流域的温暖潮湿地区发生普遍而严重。在安徽省淮北地区夏玉米产区发生严重。一般造成减产 15% ~ 20%，减产严重的达 50% 以上，甚至无收。

（一）为害症状

常和大斑病同时出现或混合侵染，因主要发生在叶部，故统称叶斑病。发生地区以温度较高、湿度较大的丘陵区为主。此病除为害叶片、苞叶和叶鞘外，对雌穗和茎秆的致病力也比大斑病强，可造成果穗腐烂和茎秆断折。其发病时间比大斑病稍早。发病初期，在叶片上出现半透明水渍状褐色小斑点，后扩大为（5~16）mm×（2~4）mm 大小的椭圆形褐色病斑，边缘赤褐色，轮廓清楚，上有 2~3 层同心轮纹。

（二）防治措施

1. 选种抗病品种

因地制宜选种抗病杂交种或品种，如郑单 958 等。

2. 加强农业防治

清洁田园，深翻土地，控制菌源；摘除下部老叶、病叶，减少再侵染菌源；降低田间湿度；增施磷、钾肥，加强田间管理，增强植株抗病力。

3. 药剂防治

发病初期喷洒 75%百菌清可湿性粉剂 800 倍液，或 70%甲基硫菌灵可湿性粉剂 600 倍液、25%苯菌灵乳油 800 倍液、50%多菌灵可湿性粉剂 600 倍液，间隔 7~10d 1 次，连防 2~3 次。

第二节 虫 害

一、蛴螬类

（一）为害症状

蛴螬是杂食性害虫，主要以幼虫为害严重，咬食玉米萌发的种子，咬断根茎，断口整齐平截。如果此后肥水跟得上，侧生根发育良好，对产量影响不是很大；若遇持续干旱天气，则会造成幼苗根土分离，失水枯死，轻则缺苗断垄，重则毁种绝收。

（二）防治措施

1. 农业防治

深翻土壤，精耕细作；采用合理的耕作制度，调整茬口，进行轮作；施用完全腐熟的厩肥；结合作物生长，适当灌溉；调整播期。

2. 化学防治

（1）药剂拌种。用50%辛硫磷乳剂，按种子量的0.2%～0.3%拌种；或40%甲基异硫磷，按种子量的0.2%拌种。

（2）撒施毒饵。用50%的辛硫磷乳剂拌碎玉米，结合耕地撒施入土。

（3）药剂土壤处理。用5%辛硫磷粉剂或巴丹颗粒或6%的林丹粉兑细土，每亩1.5～2kg，兑土20～25kg，均匀撒施全田，随撒随犁或随耙，立即犁耙入土中。

二、金针虫类

（一）为害症状

金针虫均以幼虫为害，食性广，对春播玉米主要取食玉米幼苗的根部和地下茎部分，取食部位呈丝状，造成植株枯萎死亡。

（二）防治措施

农业防治和化学防治同蛴螬，防治成虫可采用堆草诱杀。

三、白星花金龟子

（一）为害症状

白星花金龟子也称白纹铜花金龟子，在我国分布广泛，主要在东北、华北、新疆和黄淮海流域地区发生为害。在我国，白星花金龟子成虫严重为害玉米果穗，取食花丝、花粉、籽粒。常以成虫群集在玉米雌穗上，从穗轴顶花丝处开始，逐渐钻入苞叶内，取食正在灌浆的籽粒。

（二）防治措施

1. 农业防治

该虫喜欢在粪堆、树叶、杂草堆活动，在 17cm 深的土层内化蛹羽化，故应将生活垃圾、作物秸秆、畜禽粪便及时清理作燃料或高温发酵腐熟，以杀灭幼虫和虫卵，减少成虫繁殖场所；进行深秋耕，将幼虫翻倒出地表，可增加其越冬死亡率；玉米生长前期结合锄草进行深中耕，破坏土室，使幼虫不能化蛹、蛹不能羽化，也可降低虫害。

2. 物理防治

人工捉虫：利用成虫假死性，于清晨和傍晚用木棍振落成虫，或用塑料袋套住有虫玉米穗，人工捕杀。

诱杀成虫：在成虫盛发期，利用成虫的趋光趋化性诱杀，用黑光灯或田间堆柴草垛点火均可诱杀成虫，或将盛糖醋液（白酒、红糖、食醋、水、90% 敌百虫晶体按 1∶3∶6∶9∶1 的比例搅拌均匀）的盆架起，与玉米雌穗高度相同，也可诱杀成虫，还可用细口的空酒瓶内装腐烂水果或白星金龟子成虫 2~3 个悬挂于雌穗旁诱集成虫（每亩挂瓶 40~50 个）。

3. 药剂防治

在玉米灌浆初期，可用 50% 辛硫磷乳油 100 倍液在玉米穗顶部滴药液，杀灭正在为害的成虫。还可兼治玉米螟等其他蛀穗害虫。

第四章 小麦病虫害绿色防控

第一节 病　害

一、小麦锈病

（一）为害症状

小麦3种锈病之间的区别可概况为"条锈病成行，叶锈病乱，秆锈病是个大红斑"。

1. 条锈病

主要发生在叶片上，也为害叶鞘、茎秆和穗。初期夏孢子堆呈小长条状，鲜黄色，与叶脉平行，排列成行，像缝纫机轧过的针脚一样。后期表皮破裂，呈现铁锈粉状物。当小麦近成熟时，叶鞘上出现圆形或卵圆形黑褐色粉状物，即夏孢子堆。

2. 叶锈病

一般只发生在叶片上。夏孢子堆只在叶片正面，较小，呈圆形，红铁锈色，排列不规则，表皮破裂不显著。后期叶片背面呈现椭圆形深褐色冬孢子堆。

3. 秆锈病

主要发生在叶鞘和茎秆上，也为害叶片和穗。夏孢子堆大，长椭圆形，深褐色，排列不规则，常连接成大斑，表皮很早破裂。小麦近成熟时，在夏孢子堆及其附近出现黑色、椭圆形冬孢子堆，后期表皮破裂。

（二）防治措施

1. 农业防治

（1）选择抗性品种。要注意抗性品种的轮换种植，可以防止品种抗性的丧失。

（2）小麦收获后及时翻耕灭茬，消灭自生麦苗，减少越夏菌源。

（3）锈病发生后，适当增加灌水次数，可以减轻损失；在土壤缺乏磷、钾肥的地区，增施磷、钾肥，也能减轻锈病为害；锈病常发区，氮肥应避免使用过多，以防止小麦贪青晚熟，加重锈病为害。

2. 药剂防治

（1）药剂拌种。对秋苗常年发病的地块，每50kg种子用15%粉锈宁可湿性粉剂60~100g或12.5%速保利可湿性粉剂60g进行拌种。务必干拌，充分搅拌混匀，严格控制药量，浓度稍大影响出苗。

（2）大田防治。在秋季和早春，田间发病时，及时进行喷药防治。如果病叶率达到5%，严重度在10%以下，每公顷用15%粉锈宁可湿性粉剂750g，或20%粉锈宁乳油600mL，或25%粉锈宁可湿性粉剂450g，或12.5%速保利可湿性粉剂225~450g，兑水750~1 050kg喷雾。

二、小麦纹枯病

（一）为害症状

小麦受纹枯菌侵染后，在各生育阶段出现烂芽、病苗枯死、花秆烂茎、枯株白穗等症状。

（1）烂芽。芽鞘褐变，后芽枯死腐烂，不能出土。

（2）病苗枯死。发生在 3~4 叶期，初仅第一叶鞘上现中间灰色、四周褐色的病斑，后因抽不出新叶而致病苗枯死。

（3）花秆烂茎。拔节后在基部叶鞘上形成中间灰色、边缘浅褐色的云纹状病斑，病斑融合后，茎基部呈云纹花秆状。

（4）枯株白穗。病斑侵入茎壁后，形成中间灰褐色、四周褐色的近圆形或椭圆形眼斑，造成茎壁失水坏死，最后病株因养分、水分供不应求而枯死，形成枯株白穗。

（二）防治措施

1. 农业防治

（1）选用抗病、耐病良种。

（2）适期播种，春性强的品种不要过早播种。

（3）合理密植，播种量不要过大。

（4）北方麦田防止大水漫灌，田间水位高的河滩或涝灌区要开沟排水。

（5）合理施肥，氮肥不能过量，防止徒长；粪肥要经高温堆沤后再使用。

2. 化学防治

（1）播种前药剂拌种。用相当于种子重量 0.2% 的 33% 纹霉净（三唑酮加多菌灵）可湿性粉剂或用相当于种子重量 0.03%~0.04% 的 15% 三唑醇（羟锈宁）粉剂，或用相当于种子重量 0.03% 的 15% 三唑酮（粉锈宁）可湿性粉剂，或用相当于种子重量 0.0125% 的 12.5% 烯唑醇（速保利）可湿性粉剂拌种。

（2）喷雾。翌年春季冬、春小麦拔节期，每公顷用 5% 井冈霉素水剂 112.5 g，兑水 1 500 kg；或 15% 三唑醇粉剂 120 g，兑水 900 kg；或 20% 三唑酮乳油 120~150 g，兑水 900 kg；或 12.5% 烯唑醇可湿性粉剂 187.5 g，兑水 1 500 kg 喷雾，防效比单独拌种的提高 10%~30%，增产 2%~10%。

三、小麦白粉病

（一）为害症状

自幼苗到抽穗均可发病。该病可侵害小麦植株地上部各器官，但以叶片和叶鞘为主，发病重时颖壳和芒也可受害，初发病时，叶面出现 1~2mm 的白色霉点，后霉点逐渐扩大为近圆形或椭圆形白色霉斑，霉斑表面有一层白粉，后期病部霉层变为白色至浅褐色，上面散生黑色颗粒。病叶早期变黄，后卷曲枯死，重病株常矮缩不能抽穗。

（二）防治措施

1. 农业防治

（1）选用抗病品种。

（2）提倡施用酵素菌沤制的堆肥或腐熟有机肥，采用配方施肥技术，适当增施磷、钾肥，根据品种特性和地力合理密植。南方麦区雨后及时排水，防止湿气滞留。北方麦区适时浇水，使寄主增强抗病力。

（3）自生麦苗越夏地区，冬小麦秋播前要及时清除掉自生麦，可大大减少秋苗菌源。

2. 药剂防治

（1）种子处理。用相当于种子重量 0.03%（有效成分）的 25%三唑酮（粉锈宁）可湿性粉剂拌种，也可用 15%三唑酮可湿性粉剂拌麦种防治白粉病，兼治黑穗病、条锈病等。

（2）喷雾。在小麦抗病品种少或病菌小种变异大抗性丧失快的地区，当小麦白粉病病情指数达到 1 或病叶率达 10%以上时，开始喷洒 20%三唑酮乳油 1 000 倍液，或 40%福星乳油 8 000 倍液，也可根据田间情况采用杀虫杀菌剂混配做到关键期一次用药，兼治小麦白粉病、锈病等主要病虫害。

四、小麦赤霉病

（一）为害症状

主要引起苗腐、穗腐、茎基腐、秆腐，从幼苗到抽穗都可受害。其中影响最严重的是穗腐。

1. 苗腐

由种子带菌或土壤中病残体侵染所致。先是芽变褐色，然后根冠随之腐烂，轻者病苗黄瘦，重者死亡，枯死苗湿度大时产生粉红色霉状物（病菌分生孢子和子座）。

2. 穗腐

小麦扬花时，初在小穗和颖片上产生水浸状浅褐色斑，渐扩大至整个小穗，小穗枯黄。湿度大时，病斑处产生粉红色胶状霉层。后期其上产生密集的蓝黑色小颗粒（病菌子囊壳）。用手触摸，有突起感觉，不能抹去，籽粒干瘪并伴有白色至粉红色霉。小穗发病后扩展至穗轴，病部枯褐，使被害部以上小穗形成枯白穗。

3. 茎基腐

自幼苗出土至成熟均可发生，麦株基部组织受害后变褐腐烂，致全株枯死。

4. 秆腐

多发生在穗下第一、第二节，初在叶鞘上出现水渍状褪绿斑，后扩展为淡褐色至红褐色不规则形斑或向茎内扩展。病情严重时，造成病部以上枯黄，有时不能抽穗或抽出枯黄穗。气候潮湿时病部表面可见粉红色霉层。

（二）防治措施

1. 农业防治

（1）选用抗病品种。

（2）深耕灭茬，清洁田园，消灭菌源。

（3）开沟排水，降低田间湿度。

2. 药剂防治

（1）种子处理。这是防治芽腐和苗枯的有效措施，可用50%多菌灵，每千克种子用药 100~200g 湿拌。

（2）喷雾。小麦抽穗至盛花期，每公顷用40%多菌灵胶悬剂 1 500g，兑水 900kg；或 70%甲基硫菌灵可湿性粉剂 1 125~1 500g，兑水 150~225kg 喷雾。如扬花期连续下雨，第一次用药7d 后趁下雨间断时再用药 1 次。

五、小麦全蚀病

（一）为害症状

本病只侵染根部和茎基部。幼苗感病，初生根部根茎变为黑褐色，严重时病斑连在一起，使整个根系变黑死亡。分蘖期地上部分无明显症状，重病植株表现稍矮，基部黄叶多。拔出麦苗，用水冲洗麦根，可见种子根与地下茎都变成了黑褐色。

（二）防治措施

1. 加强植物检疫

严禁从病区调种，防止病害传入，保护无病区。

2. 农业防治

（1）新病区采取扑灭措施，深翻改土，改种非寄主作物。

（2）老病区坚持 1~2 年换种 1 次非寄主作物。

（3）增施有机肥，保持氮、磷平衡。

（4）加强田间管理，深耕细耙，适时中耕、灌溉、施肥，促进根系发育和植株抗病力，不用病残物沤肥。

3. 药剂防治

（1）种子处理。用粉锈宁或羟锈宁按种子量的 0.1%~0.15%进行拌种。

（2）喷雾。在小麦拔节期，每亩用15%粉锈宁可湿性粉剂65~100g，或20%乳油50~70mL，兑水60kg喷施。

六、小麦黑穗病

（一）为害症状

1. 散黑穗病

俗称黑疸、枪杆、乌麦等。在冬麦区、春麦区均有发生，个别地块发病较重。目前少数品种发生普遍。主要在穗部发病，病穗比健穗较早抽出。最初病小穗外面包一层灰色薄膜，成熟后破裂，散出黑粉（病菌的厚垣孢子），黑粉吹散后，只残留裸露的穗轴。

2. 腥黑穗病

又称腥乌麦、黑麦、黑疸。发生于穗部，抽穗前症状不明显，抽穗后至成熟期症状明显。病株全部籽粒变成菌瘿，菌瘿较健粒短胖。初为暗绿色，后变为灰白色，内部充满黑色粉末，最后菌瘿破裂，散出黑粉，并有鱼腥味。

3. 秆黑粉病

俗称乌麦、黑枪、黑疸、锁口疸。小麦产区均有分布，为害损失较重。近年来，局部地区有回升趋势。主要发生在叶片、叶鞘、茎秆上，发病部位纵向产生银灰色、灰白色条纹。条纹是一层薄膜，常隆起，内有黑粉，黑粉成熟时，膜纵裂，散出黑色粉末，即病原菌的冬孢子。病株常扭曲、矮化，重者不抽穗，抽穗小，籽粒秕瘦。

（二）防治措施

1. 加强检疫，设立无病留种地

黑穗病无病区应严格检疫，杜绝人为传播。建立无病留种地，主要针对散黑穗病，应在300m以外隔离种植，一旦出现黑穗，应立即采取措施，在膜未破裂前拔掉深埋或烧掉。

2. 栽培防病措施

（1）选择抗病品种。尽可能在现有品种中寻找抗病品种。

（2）适期播种。不同地区应因地制宜掌握播期。

3. 种子处理

（1）药剂拌种。适用于种子表面带菌者（腥黑穗病、秆黑粉病），关键是用药剂拌种。药剂：35%菲醌、50%福美双、50%硫菌灵、50%多菌灵、50%苯来特、70%敌克松、25%萎锈灵、40%拌种双。以上为粉剂，用量：干种子量的0.2%~0.4%。为使药剂均匀，在药中加少量细干土拌匀后再拌种。

（2）浸种。适用于种子内部带菌者（散黑穗病）。可用1%石灰水浸种，即1kg石灰加水100kg，浸种30~35kg，水面高出种子7~10cm。浸种时间：水温20℃，3~4d；水温25℃，2~3d；水温30℃以上，1~1.5d；水温35℃，1d。

七、小麦根腐病

（一）为害症状

全生育期均可引起发病。苗期引起根腐，成株期引起叶斑、穗腐或黑胚。种子带菌严重的不能发芽，轻者能发芽，但幼芽脱离种皮后即死在土中，有的虽能发芽出苗，但生长细弱。幼苗染病后在芽鞘上产生黄褐色至褐黑色梭形斑，边缘清晰，中间稍褪色，扩展后引起种根基部、根间、分蘖节和茎基部褐变，病组织逐渐坏死，上生黑色霉状物，最后根系朽腐，麦苗平铺在地上，下部叶片变黄，逐渐黄枯而亡。

（二）防治措施

1. 农业防治

（1）因地制宜地选用适合当地栽培的抗根腐病品种。

（2）选用无病种子和进行种子处理。

（3）施用腐熟的有机肥，麦收后及时耕翻灭茬，使病残组织当年腐烂，以减少翌年初侵染源。

（4）进行轮作换茬，适时早播、浅播。土壤过湿的要散墒后播种，土壤过干则应采取镇压保墒等农业措施，减轻受害。

2. 药剂防治

（1）种子处理。用25%粉锈宁或50%福美双或50%扑海因可湿性粉剂拌种，用量为种子重量的0.2%。

（2）喷雾。在发病初期及时喷药进行防治，效果较好的药剂有50%异菌脲可湿性粉剂900~1 500 g/hm²、15%三唑酮乳油600~900mL/hm²+50%多菌灵可湿性粉剂750~900g/hm²、25%丙环唑乳油375~600mL/hm²，兑水1 125kg喷雾。成株开花期，喷洒25%丙环唑乳油4 000倍液+50%福美双可湿性粉剂1 500 g/hm²，兑水均匀喷洒。成株抽穗期，可用25%丙环唑乳油600mL/hm²、25%三唑酮可湿性粉剂1 500g/hm²，兑水1 125kg，喷洒1~2次。

八、小麦叶枯病

（一）为害症状

小麦叶枯病多在小麦抽穗期开始发生，主要为害叶片和叶鞘，初发病叶片上生长出卵圆形淡黄色至淡绿色小斑，以后迅速扩大，形成不规则形黄白色至黄褐色大斑块，一般先从下部叶片开始发病枯死，逐渐向上发展。

（二）防治措施

1. 农业防治

（1）选用健康无病种子，适期适量播种。

（2）施足基肥，氮、磷、钾配合使用，以控制田间群体密度，改善通风透光条件。

（3）控制灌水，雨后还要及时排水。

2. 药剂防治

（1）种子处理。用种子重量0.2%～0.3%的50%福美双可湿性粉剂拌种，或用种子重量0.2%的33%纹霉净（三唑酮、多菌灵）可湿性粉剂拌种。

（2）喷雾。扬花期至灌浆期是防治叶枯病的关键时期，田间开始发病时，可选用下列杀菌剂进行防治：75%百菌清可湿性粉剂 1 125～1 425 g/hm² + 12.5%烯唑醇可湿性粉剂 340～450g/hm²，或20%三唑酮乳油 1 500 mL/hm²，或50%福美双可湿性粉剂 1 500 g/hm²+50%多菌灵可湿性粉剂 1 000 倍液，或50%甲基硫菌灵可湿性粉剂 1 000 倍液，或40%氟硅唑乳油 6 000～8 000 倍液，或50%异菌脲可湿性粉剂 1 500 倍液，每公顷用兑好的药液 600～750kg，均匀喷施。

第二节 虫 害

一、小麦蚜虫

（一）为害症状

小麦拔节抽穗后，小麦蚜虫为害多集中在茎叶和穗部，病部呈浅黄色斑点，严重时叶片发黄，甚至整株枯死。小麦蚜虫在直接为害的同时，还间接传播小麦病毒病，其中以传播小麦黄矮病为害最大。

（二）防治措施

1. 农业防治

（1）合理布局作物，冬、春麦混种区尽量使其单一化，秋季作物尽可能为玉米和谷子等。

（2）选择一些抗虫耐病的小麦品种，造成不良的食物条件。

（3）冬麦适当晚播，实行冬灌，早春耙磨镇压。

2. 药剂防治

药剂防治时应注意抓住防治适期和保护天敌的控制作用。

（1）防治适期。麦二叉蚜要抓好秋苗期、返青和拔节期的防治；麦长管蚜以扬花末期防治最佳。

（2）选择药剂。

①用40%乐果乳油2 000～3 000倍液，或50%辛硫磷乳油2 000倍液，兑水喷雾。

②每公顷用50%辟蚜雾可湿性粉剂150g，兑水750～900kg喷雾。

二、小麦吸浆虫

（一）为害症状

以幼虫潜伏在颖壳内吸食正在灌浆的麦粒汁液为害，造成秕粒、空壳。小麦吸浆虫以幼虫为害花器、籽实或麦粒，是一种毁灭性害虫。

（二）防治措施

1. 农业防治

（1）选用抗虫品种。要选用穗形紧密、内外颖毛长而密、麦粒皮厚、浆液不易外流的小麦品种。

（2）轮作倒茬。麦田连年深翻，小麦与油菜、豆类、棉花和水稻等作物轮作，对压低虫口数量有明显的作用。

2. 化学防治

（1）土壤处理。

时间：小麦播种前，最后一次浅耕时；小麦拔节期；小麦孕穗期。

药剂：50%辛硫磷乳油3 000 mL，加水75kg，喷在300～375kg的细土上，拌匀制成毒土施用，边撒边耕，翻入土中。

（2）成虫期药剂防治。在小麦抽穗至开花前，用 40%乐果乳剂 1 000 倍液、2.5%溴氰菊酯 3 000 倍液、40%杀螟松可湿性粉剂 1 500 倍液等喷雾。

三、小麦红蜘蛛

（一）为害症状

以成、若虫吸食麦叶汁液，受害叶上出现细小白点，后麦叶变黄，麦株生育不良，植株矮小，严重的全株干枯。

（二）防治措施

1. 农业防治

有条件的地方可实行轮作倒茬，及时清除田边地头杂草；麦收后深耕灭茬，消灭越夏卵，压低秋苗虫口基数；适时灌溉，恶化麦蜘蛛发生条件；在灌水之前人工拌落麦蜘蛛，使其坠落沾泥而死亡。

2. 药剂防治

（1）拌种。用 75%丁硫克百威 150~300mL，兑水 5kg，喷拌50kg 麦种。

（2）田间施药。用 40%乐果乳剂 2 000 倍液，或 40%三氯杀螨醇乳油 1 500 倍液，或 50%马拉硫磷乳油 2 000 倍液喷雾。

四、小麦黏虫

（一）为害症状

低龄时咬食叶肉，使叶片形成透明条纹状斑纹，3 龄后沿叶缘啃食小麦叶片成缺刻，严重时将小麦吃成光秆，穗期可咬断穗子或咬食小枝梗，引起大量落粒。大发生时可在 1~2d 内吃光成片作物，造成严重损失。

（二）防治措施

（1）诱杀成虫。利用成虫多在禾谷类作物叶上产卵的习性，

在麦田插谷草把或稻草把，10m² 1 个，每 5d 更换新草把，把换下的草把集中烧毁。此外，也可用糖醋盆、黑光灯等诱杀成虫，压低虫口密度。

（2）防治黏虫。药剂有丁硫克百威、辛硫磷、双甲脒，单独防治黏虫时防效从高到低依次为辛硫磷＞丁硫克百威＞双甲脒。丁硫克百威与辛硫磷以 1：4 混配，增效作用显著。双甲脒与丁硫克百威及双甲脒与辛硫磷 1：1 混配有增效作用。

五、麦秆蝇

（一）为害症状

以幼虫为害，从叶鞘与茎间潜入，在幼嫩的心叶或穗节基部 1/5 或 1/4 处或近基部呈螺旋状向下蛀食幼嫩组织。

（二）防治措施

1. 农业防治

（1）选用抗虫品种。选用一些穗紧密、芒长而带刺的小麦品种种植可以减轻麦秆蝇的为害。

（2）适时播种。尽可能早播种，加强肥水管理，促使小麦生长发育，早拔节。

（3）做好冬耕冬灌工作，提高越冬死亡率。

2. 药剂防治

（1）防治关键时期应是小麦的拔节末期及幼虫大量孵化入茎的时期。

（2）选用的药剂。

①粉剂：2.5% 敌百虫粉剂、5% 西维因粉剂、1.5% 乐果粉剂，每公顷用 22.5～30.0kg。

②乳油：40% 乐果乳油 5 000mL，兑水 1 000kg 喷雾。

第五章　谷子病虫害绿色防控

第一节　病　害

一、谷子白发病

（一）为害症状

谷子白发病是系统侵染性病害，从幼芽及幼根处侵入，在植株的不同生育阶段呈现不同特点的症状。

芽死：种子萌发后严重感病的幼芽扭曲变褐，未出土即死亡，造成田间缺苗。

灰背：当幼苗 3~4 片叶时，感病的嫩叶变为黄绿色，并产生与叶脉平行的黄白色条纹，潮湿条件下在叶片背面生长有白色霉状物，即"灰背"，这是苗期鉴别白发病的重要依据。

（二）防治措施

（1）选用抗病品种。不同品种抗性不同，在同样条件下，有些感病品种发病率高达 70%，而抗病品种则不到 1%。

（2）轮作。轮作是减少土壤传播病害的有效措施，由于该病病菌卵孢子可在土壤中存活 2 年以上，因此，最好实行 3 年以上轮作。

（3）栽培防病。掌握播种的气候条件，适时播种、浅播种，不要覆土过厚，促使幼苗早出土，减少病菌侵染。出苗后要拔除病株，一定要在病株卵孢子未散落前进行拔除，拔除的病株要集中烧毁或深埋，不要用来喂牲畜和沤肥。

（4）粪肥和堆肥要腐熟。由于卵孢子通过家畜的消化道仍能存活，如用病株喂了牲畜，带菌粪肥必须充分发酵腐熟后再使用。

（5）种子处理。应用内吸性强的药剂进行种子消毒处理，不仅可以杀灭种子上带的白发病菌，播种后还可抑制土壤中病菌的侵染，可以达到完全防治的效果。常用的药剂是 25%甲霜灵（瑞毒霉）可湿性粉剂，按种子重量的 0.3%拌种。如果白发病、黑穗病混合发生，可在甲霜灵内复配立克秀、速保利等杀菌剂。

二、谷子粒黑穗病

（一）为害症状

主要为害谷粒。被害籽粒稍大，卵形，包以灰膜，膜较坚实不易破裂，内含有大量黑粉。通常全穗发病，少数情况下仅部分籽粒发病。在田间病株的穗常直立，很容易辨认。

（二）防治措施

（1）因地制宜，选用适合当地的抗病丰产良种。

（2）选留无病种子。谷子收获前，在田间选留无病谷穗，进行单收、单打、单贮。

（3）谷子成熟前拔除病穗，立即深埋或烧毁。

（4）种子消毒处理。可选用 2%立克秀湿拌种剂按种子重量的 0.1%~0.2%拌种，或 25%粉锈宁可湿性粉剂按种子重量的 0.3%拌种。

三、粟瘟病

（一）为害症状

谷子的叶、叶鞘、穗颈、小穗柄和籽粒各部都可被害。叶片上典型病斑为梭形，中央灰白色至灰褐色，边缘深褐色，潮湿时，叶背面生灰色霉状物；叶鞘上病斑也呈梭形，较大，严重时茎节变黑，易折断。穗颈和小穗柄被害时，均为暗褐色，组织坏死，致使上部谷穗或小穗失去养分供给而成为死穗。

（二）防治措施

（1）选用适合当地生产的抗病良种。

（2）合理密植，避免氮肥过多。发病重时及时浇水，预防早枯。

（3）及时处理病草、病残体，进行种子消毒，以减少菌源。带病谷草远离田间，最好堆在棚（室）内。在播种前进行种子消毒，方法同谷子粒黑穗病。

（4）药剂防治。在叶瘟发病初期喷药防治，或抽穗期施药预防穗瘟。用40%克瘟散乳油500~800倍液喷雾，或0.4%春雷霉素粉剂2~2.5kg喷粉，也可用70%甲基硫菌灵可湿性粉剂2 000倍液喷雾，需施药2次，间隔7d。

四、谷子锈病

（一）为害症状

发生在谷子的叶片和叶鞘上。在北方谷子产区一般抽穗前后出现症状。最初在叶片表面或背面散生长圆形红褐色隆起的斑点，以后病斑周围表皮破裂，散出黄褐色粉末，为病菌的夏孢子；后期在叶片背面和叶鞘上形成圆形至长圆形灰褐色斑点，内部为黑色粉末，为病菌的冬孢子。

（二）防治措施

（1）因地制宜地选用抗病品种，这是防治本病的主要途径。

（2）加强栽培管理。合理密植，合理施用氮肥，磷、钾肥合理搭配，以增强植株的抗病力，防止贪青晚熟。注意排水防涝，勤中耕，发病后应加强管理，预防早枯。

（3）药剂防治。常用药剂有 20%三唑酮乳油 1 000~2 000 倍液、12.5%特谱唑（烯唑醇）可湿性粉剂 1 000~2 000 倍液、25%丙环唑（敌力脱）乳油 2 000 倍液。

五、粟线虫病

（一）为害症状

表现在穗部，一般在开花前后才表现出来，感病植株的花开始为暗绿色，逐渐变为黄褐色至暗褐色。植株感病越早，病情越重，症状越明显。大量的线虫寄生在花蕊内破坏子房，因而花不能开放或不能结实。病穗完全不结籽或仅少数结籽，比健康穗瘦小、直立，不下垂。谷子不同品种所表现的症状各异，紫或红秆品种的病穗向阳一面的护颖变紫或红色，特别在乳熟期最为明显，故有紫穗病之称。病株上部的节间和穗颈均稍微缩短，使整个植株比健株稍矮。病株叶片较脆，为苍绿色。

（二）防治措施

（1）选用适合当地的抗病、耐病品种。

（2）注意田间选留无病种穗，勿施用带病粪肥。

（3）进行种子消毒处理。用 55~57℃温水浸种 10min，立即取出放入冷水中翻动 2~3min，然后晾干播种，可以杀死线虫。也可用 15%铁灭克拌种防治。

第二节　虫　害

一、黏虫

（一）为害症状

黏虫以幼虫为害，1~2 龄幼虫仅食叶肉形成小孔，3 龄后才咬食叶片形成缺刻，4~6龄达到暴食期，虫口密度大时，将叶片吃光，仅剩主脉，造成严重减产，甚至绝收。

（二）防治措施

（1）诱杀成虫。

杨枝把诱蛾：用1m左右长的杨树枝10根，将基部一端扎紧，待叶片萎蔫后插立田间，每隔10m插1把。每天日出前用塑料袋套上枝把，摇动收集成虫，然后杀死。

灯光诱杀：在地势起伏不大、遮挡物较少、易通电的地方，可以采用"频振式杀虫灯"诱杀成虫，每40~60亩安置1盏，傍晚时开启，清晨关闭，以压低虫口。当蛾量大时要做好防治准备。

（2）诱集卵块。利用成虫产卵多产在叶上的习性，在田间插谷草把或稻草把（谷草或稻草去掉叶子后折成0.5m长，稻草每5根为1把，谷草每3根为1把，基部用细铁线扎紧，绑在小木棍或细竹竿上，插到田间），每亩插60~100个，每3~5d更换1次，将换下的草把集中烧毁。

（3）化学防治。在幼虫3龄前及时喷洒药物防治。首选药剂为Bt乳剂、灭幼脲等高效低毒农药。也可用2.5%敌百虫粉每亩喷撒1.5~2.5kg，或90%晶体敌百虫1 000倍液，或20%速灭杀丁乳油，或10%氯氰菊酯乳油3 000~4 000倍液喷雾防治。

二、粟灰螟

（一）为害症状

主要为害幼苗，也为害成株。幼虫为害时蛀入幼苗，造成枯心苗，大发生年可造成严重缺苗断垄，甚至毁种。抽穗时蛀入则形成白穗，莠而不实，遇到风雨引起倒折。未倒折的，也因水分养分失调，穗小粒秕，影响产量和品质。

（二）防治措施

（1）消灭越冬虫源。秋季翻耙谷田，将根茬暴露在地面，在低温干燥条件下，越冬幼虫可大量死亡。

（2）轮作倒茬。利用粟灰螟的飞翔力和趋光性都不强的习性，实行谷子远距离轮作倒茬的办法，使谷田与虫源自然隔离，减轻和控制为害。

（3）拔除枯心苗。发现田间有被害的幼苗、植株，应及时拔除，一方面可以减少转株为害；另一方面可以防止化蛹继续为害。拔除的枯心苗要集中烧毁。

（4）化学防治。在当地主要发生世代的卵期进行卵量调查，当500个谷茎有卵1块或1000个谷茎累积有卵5块时，立即防治。在卵盛孵期至幼虫蛀茎前施药。每亩用5%丙硫克百威（又称安克力、丙硫威）颗粒剂2kg，还可用25%杀虫双水剂200～250mL，或5%杀虫双颗粒剂1～1.5kg拌湿润细土20kg制成药土，顺垄撒在苗根附近，形成药带，效果很好。

三、粟茎跳甲

（一）为害症状

以幼虫和成虫为害刚出土的幼苗。幼虫钻蛀幼苗基部蛀食，使心叶干枯死亡。当幼苗较高，表皮组织变硬时，幼虫便爬到顶心内部，取食嫩叶，咬掉顶心，使心叶不能正常生长，形成丛生。成虫则为害幼苗叶子的表皮组织，吃成条纹，呈白色透明，使其干枯死亡。发生严重年份，常造成缺苗断垄，甚至毁种。

（二）防治措施

（1）农业防治。适期晚播，错过成虫发生盛期以减轻为害。结合间苗、定苗等田间管理拔除枯心苗，集中烧毁，以防继续为害。

（2）化学防治。防治时间应在当地越冬成虫产卵盛期或田间初见枯心苗期进行。每亩用3%速灭威粉剂，或1.5%乐果粉剂1.5~2kg喷粉，每隔7~10d喷1次，至少喷2次。用20%速灭杀丁（氰戊菊酯）或50%辛硫磷乳油2 000倍液，或用90%晶体敌百虫1 000倍液喷雾。

四、粟穗螟

（一）为害症状

粟穗螟以幼虫为害谷子及高粱穗部，受害穗籽粒空瘪，穗头颜色污黑，布满丝网，并附有大量破碎籽粒及粪粒。

（二）防治措施

（1）农业防治。针对粟穗螟以幼虫在谷穗、脱粒后的谷穗头、场院草垛的空隙及仓库的缝隙处越冬的特点，可采取有效措施阻止幼虫进入越冬场所，从而降低翌年初发虫源。

（2）化学防治。防治时间要在卵盛孵期及低龄幼虫期进行。可用2.5%溴氰菊酯乳油4 000~5 000倍液，或20%速灭杀丁乳油3 000倍液，或5%锐劲特30~50mL每亩用药液45kg，也可用25%杀虫双水剂或90%杀虫单可湿性粉剂35g，兑水50kg，喷穗1~2次进行防治。

五、粟叶甲

粟叶甲又名谷子负泥虫。属鞘翅目，负泥虫科。主要为害谷子、糜、黍、高粱、玉米、大麦、小麦及陆稻等，也寄生禾本科杂草。

（一）为害症状

以成虫和幼虫在谷子苗期和心叶期为害。成虫沿叶脉咬食叶肉，呈白条状。幼虫多藏在心叶内舐食嫩叶，使叶面呈宽白条状斑。受害严重时，造成枯心、烂叶或整株枯死。

（二）防治措施

（1）农业防治。合理轮作，避免重茬。秋后或早春，结合整地，清除田间农作物残株落叶和地头、地边杂草，集中烧毁，减少越冬虫量。掌握成虫盛发期，利用成虫的假死性，进行人工捕杀成虫。

（2）化学防治。以消灭越冬代成虫为主，兼治幼虫。成虫幼虫为害期（谷子4~5叶）喷洒50%的辛硫磷乳油1 500倍液，或2.5%溴氰菊酯乳油2 500倍液，或20%的速灭杀丁乳油2 000~2 500倍液，每亩用60kg配制好的药液喷雾。

第六章　大豆病虫害绿色防控

第一节　病　害

一、大豆花叶病毒病

（一）为害症状

该病的症状一般表现为 4 种类型，即皱缩花叶型、顶枯型、矮化型、黄斑型。其中以皱缩花叶型最为普遍，但以顶枯型为害最重。

1. 皱缩花叶型

病株矮化或稍矮化，叶形小，叶色黄绿相间呈花叶状而皱缩，严重时病叶呈狭窄的柳叶状，出现疮状突起，叶脉变褐色而弯曲，病叶向下弯曲。

2. 顶枯型

病株明显矮化，叶片皱缩硬化，脆而易折，顶芽和侧芽变褐色，最后枯死，输导组织坏死，很少结荚。

3. 矮化型

节间缩矮，严重矮化，叶片皱缩变脆，很少结荚，或荚变畸形，根系发育不良，输导组织变褐色。

4. 黄斑型

叶片产生不规则浅黄色斑块，叶脉变褐色，多在结荚期发生，中下部叶不皱缩，上部叶片多呈皱缩花叶状。

（二）防治措施

由于大豆病毒病初次侵染主要是带毒种子，田间病害以蚜虫传染，所以防治该病应用无病种子、抗病品种和治蚜防病的综合防治措施。

1. 建立无病留种田，选用无病种子

在大豆生长期间，经常检查，彻底拔除病株，并治蚜防病，尽量用无病田或用轻病田无病株留种。

2. 推广和选用抗病品种

由于大豆花叶病毒以种子传播为主，且品种间抗病能力差异较大，又由于各地花叶病毒生理小种不一，同一品种种植在不同地区其抗病性也不同，因此，应在明确该地区花叶病毒的主要生理小种基础上选育和推广抗病品种。

3. 及时疏苗、间苗，培育壮苗

大豆出苗后，对过稠苗和疙瘩苗，及早间苗、疏苗，减少弱苗和高脚苗，增强抗病能力。

4. 轮作换茬

在重病田要进行大豆轮作换茬，可种玉米、棉花、小豆等旱地作物。

5. 防治蚜虫

由于蚜虫是田间花叶病毒的自然传播体，特别是有翅蚜对病毒病远距离传播起较大作用，应根据有翅蚜的消长规律，消除传播介体。化学防治蚜虫的方法是用15%吡虫啉可湿性粉剂2 000倍液或20%速灭杀丁2 000~3 000倍液，叶面喷施，效果良好。

二、大豆锈病

（一）为害症状

大豆锈病是由夏孢子侵染大豆而造成的为害，该病主要发生在叶片、叶柄和茎，严重者影响全株，受侵染叶片变黄脱落，形成瘪荚。在发病初期，大豆叶片出现灰褐色小点，以后病菌侵入叶组织，形成夏孢子堆，叶片出现褐色小斑，夏孢子堆成熟时，病斑隆起，呈红褐色、紫褐及黑褐色。病斑表皮破裂后由夏孢子堆散发出很多锈色夏孢子。

（二）防治措施

1. 筛选和使用抗锈病品种

控制大豆锈病最有效的方法是应用耐病、抗病品种，因此，许多大豆锈病重病区的国家开展了大豆抗锈病品种筛选和抗锈病育种研究。

2. 农业防治

合理密植，增加通风透光，降低田间荫蔽度和湿度，从而减轻大豆锈病为害。

3. 化学防治

在大豆锈病发生初期及时选择施用下列药剂：15%粉锈灵150倍液；75%百菌清750倍液；25%邻酰胺250倍液；70%代森锰锌500倍液，隔10d左右喷1次，连续喷2~3次。

三、大豆白粉病

（一）为害症状

大豆白粉病主要为害叶片，叶柄及茎秆极少发病，先从下部叶片开始发病，后向中上部蔓延。感病叶片正面，初期产生白色圆形小粉斑，具黑暗绿晕圈，扩大后呈边缘不明显的片状白粉斑，严重发病叶片表面似撒了一层白粉病菌的菌丝体及分生孢子，后期病斑上白粉逐渐由白色转为灰色，长出黑褐色球状颗粒物，最后病叶变黄脱落，严重影响植株生长发育。

（二）防治措施

（1）选用抗病品种。

（2）合理施肥浇水，加强田间管理，培育壮苗。

（3）增施磷、钾肥，控制氮肥。

（4）化学防治方法。发病初期及时喷洒70%甲基硫菌灵可湿性粉剂500倍液防治。当病叶率达到10%时，每亩可用20%的粉锈宁乳剂50mL，或15%的粉锈宁可湿性粉剂75g，兑水60~80kg进行喷雾防治。

四、大豆根腐病

（一）为害症状

在出苗前引起种子腐烂，出苗后由于根或茎基部腐烂而萎蔫或立枯，根变褐软化，直达子叶节。真叶期发病，茎上可出现水渍斑、叶黄化、萎蔫、死苗，侧根几乎完全腐烂，主根变为深褐色。成株期发病，枯死较慢，下部叶片脉间变黄，上部叶片褪绿，植株逐渐萎蔫，叶片凋萎但仍悬挂在植株上。后期病茎的皮层及维管束组织变褐。

（二）防治措施

（1）农业防治。合理轮作，尽量避免重迎茬。雨后及时排除田间积水，降低土壤湿度，合理密植，及时中耕松土，增加土壤和植株通透性是防治病害发生的关键措施。

（2）选用对当地小种具抵抗力的抗病品种。

（3）药剂防治。播种前分别用种子重量0.2%的50%多菌灵、50%甲基硫菌灵、50%施保功进行拌种处理。利用瑞毒霉进行土壤处理防治效果好。进行种子处理可控制早期发病，但对后期无效。

五、大豆叶斑病

（一）为害症状

叶上病斑为淡褐色至灰白色，不规则，边缘深褐色。后期病斑上生出许多小黑点，最后叶片枯死脱落。

（二）防治措施

（1）选用抗病品种和无病种子，播种前用种子重量 0.3%的 47%加瑞农可湿性粉剂拌种。

（2）彻底清除病残落叶，与其他作物进行 2 年以上轮作。收获后及时深翻，促使病残体加速腐烂。

（3）合理浇水，防止大水漫灌，注意通风降湿，缩短植株表面结露时间，注意在露水干后进行农事操作，及时防治田间害虫。

（4）药剂防治。发病初期可选用 5%加瑞农粉尘剂 1kg/亩喷粉防治，也可用 47%加瑞农可湿性粉剂 800 倍液，或 50%可杀得可湿性粉剂 500 倍液，或 25%二噻农加碱性氯化铜水剂 500 倍液，或 25%噻枯唑 300 倍液，或新植霉素 5 000 倍液喷雾防治。

六、大豆霜霉病

（一）为害症状

大豆霜霉病主要表现在叶片和豆粒上。当幼苗第一对真叶展开后，沿叶脉两侧出现褪绿斑块，有时整个叶片变淡黄色，天气潮湿时，叶背面密生灰白色霜霉层，即病原菌的孢囊梗和孢子囊。成株期叶片表面出现圆形或不规则形边缘不清晰的黄绿色病斑，后期病斑变褐色，叶背病斑上也生灰白色至灰紫色霜霉层，最后叶片干枯死亡。

（二）防治措施

（1）针对当地流行的生理小种，选用抗病力较强的品种。

（2）农业措施。针对该菌卵孢子可在病茎、叶上，残留在土壤中越冬，提倡实行轮作，减少初侵染源。合理密植，保证通风透光，提高温度和降低湿度。增施磷肥和钾肥，提高植株抗病

能力。

（3）严格清除病粒。选用健康无病的种子。

（4）种子药剂处理。播种前用种子重量 0.13% 的 90% 乙膦铝或 35% 甲霜灵（瑞毒霉）可湿性粉剂拌种。

（5）加强田间管理。发病初期及时拔除发病中心病株并移至田外深埋或烧毁，减少田间侵染源。

（6）药剂防治。发病初期开始喷洒 40% 百菌清悬浮剂 600 倍液、25% 甲霜灵可湿性粉剂 800 倍液或 58% 甲霜灵锰锌可湿性粉剂 600 倍液、64% 杀毒矾可湿性粉剂 500 倍液防治，每隔 10~15d 喷 1 次。

七、大豆灰斑病

（一）为害症状

大豆灰斑病主要为害叶片，也可侵染子叶、茎、荚和种子。植株和部分豆荚被感染后，均形成病斑，成株叶片病斑呈圆形、椭圆形或不规则形，大部分呈灰褐色，也有灰色或赤褐色，茎秆上病斑为圆形或纺锤形，中央灰色，边缘黑褐色；豆荚上种皮和子叶上也能形成病斑。

（二）防治措施

1. 农业防治

清除田间病株残体，进行大面积轮作，及时中耕除草，排除田间积水，合理密植等措施均可减轻灰斑病的发病程度。

2. 种子处理

可用种子重量 0.3% 的 50% 福美双可湿性粉剂或 50% 多菌灵可湿性粉剂拌种，能达到防病保苗的效果，但对成株期病害发生和防治作用不大。不同药剂对灰斑病拌种的保苗效果是不同的，福美双、克菌丹的保苗效果较好。

3. 药剂防治

在发病盛期前可采用40%多菌灵胶悬剂，每亩100g，稀释成1 000倍液喷雾；50%多菌灵可湿性粉剂或70%甲基硫菌灵，每亩用100~150g兑水稀释成1 000倍液喷雾；每亩用40mL2.5%溴氰菊酯乳油与50%多菌灵可湿性粉剂100g混合，可兼防大豆食心虫。药剂防治要抓住时机，田间施药的关键时期是始荚期至盛荚期。

八、大豆菌核病

（一）为害症状

叶片染病始于植株下部，病斑初期呈暗绿色，湿度大时生白色菌丝，叶片腐烂脱落。茎秆染病，多从主茎中下部分枝处开始，病部水浸状，后褪色为浅褐色至近白色，病斑形状不规则，常环绕茎部向上、向下扩展，致使病部以上枯死或倒折，潮湿时病部生絮状白色菌丝，菌丝后期集结成黑色粒状、鼠粪状菌核，病茎髓部变空，菌核充塞其中。后期干燥时茎部皮层纵向撕裂，维管束外露似乱麻，严重的全株枯死，颗粒不收。豆荚染病，出现水浸状不规则病斑，荚内外均可形成较茎内菌核稍小的菌核，可使荚内种子腐烂、干瘪、无光泽，严重时导致荚内不能结粒。

（二）防治措施

1. 种植抗耐病品种

由于该病菌寄主范围广，致病性强，目前尚没有抗病品种，但株形紧凑、尖叶或叶片上举、通风透光性能好的品种相对耐病。

2. 耕作制度

病区必须避免大豆连作或与向日葵、油菜等寄主作物轮作或邻作，一般与非寄主作物或禾本科作物实行3年以上的轮作可有效地降低菌核病的发生。

3. 栽培管理

发病地块要单独收获，及时清除田间散落的病株残体和根茬，减少初侵染源。根据品种的特性合理密植，不要过密。地块尽量平整，病田收获后应深翻，深度不小于 15cm，这样可以将菌核深埋在土壤中，抑制菌核萌发。同时，在大豆封垄前及时中耕培土，防止菌核萌发形成子囊盘。

4. 肥水管理

及时排除田间积水，降低田间湿度。适当控制氮肥的用量，防止大豆徒长。合理搭配氮、磷、钾比例，增施钾肥，培育壮苗，有机肥应经过彻底腐熟后再施用。

5. 药剂防治

在田间出现病株时，及时施用化学药剂，可有效地控制病情的蔓延和流行，一般隔 7d 喷雾 1 次，效果更好。常用药剂有：50%速克灵可湿性粉剂 1 000 倍液或 40%纹枯利可湿性粉剂 800～1 200 倍液；40%菌核净可湿性粉剂 1 000 倍液；70%甲基硫菌灵可湿性粉剂 500～600 倍液；80%多菌灵可湿性粉剂 600～700 倍液。

九、大豆炭疽病

（一）为害症状

在子叶上病斑圆形，暗褐色，子叶边缘病斑半圆形，病部凹陷，有裂纹。天气潮湿时子叶变水浸状，很快萎蔫、脱落，子叶上的病斑可扩展到幼茎，造成顶芽坏死，幼茎上病斑条形、褐色，稍凹陷，重者幼苗枯死。成株期叶上病斑圆形或不规则形，暗褐色，上面散生小黑点，即病原菌的分生孢子盘；茎上病斑圆形或不规则形，初为暗褐色，以后变为灰白色，病斑扩大包围全茎，使植株枯死。荚上病斑近圆形，灰褐色，病部小点呈轮纹状排列，病荚不能正常发育，种子发霉，暗褐色并皱缩或不能结实。叶柄发病，病斑褐色，不规则形。

（二）防治措施

（1）选用抗病品种，播种前清除有病的种子，减少病害的初侵染来源。

（2）种子处理。用种子量0.3%的40%拌种灵可湿性粉剂或50%福美双可湿性粉剂、40%多菌灵可湿性粉剂拌种。

（3）清除田间菌源。大豆收获后及时清理田间病株残体，集中烧毁或深翻入地下。

（4）轮作倒茬。与其他作物轮作也可减轻发病。

（5）加强田间管理。及时中耕培土，雨后及时排除积水防止湿气滞留；合理密植，避免施氮肥过多，提高植株抗病能力。

（6）药剂防治。开花后，在发病初期喷洒75%百菌清可湿性粉剂800~1 000倍液或70%甲基硫菌灵可湿性粉剂700倍液。

第二节　虫　害

一、地老虎

（一）为害症状

地老虎又称地蚕、土蚕等，属多食性害虫，除为害大豆外，也为害多种其他作物，但以双子叶植物为主。

（二）防治措施

1. 农业防治

作物收获后及时翻耕冻垡，铲除田间及田周杂草，苗期结合中耕锄草，消灭卵和幼虫。

2. 诱杀

用黑光灯、频振式杀虫灯、糖醋液等诱杀成虫，对高龄幼虫还可用毒饵诱杀，用鲜嫩草或青菜叶 50kg 切碎，将 90% 美曲磷酯（敌百虫）50g 溶于 1~1.5kg 温水，均匀喷拌到碎草中，于傍晚将毒草撒于豆田中，亩撒毒草 10~15kg。

3. 人工捕捉高龄幼虫

清晨拨开被咬断幼苗附近的土表进行捕捉。

4. 化学防治

出苗后用青虫地虎清喷雾保苗，当田间出现虫害时，用敌杀死 1 : 1 000 倍液 16 时左右喷药，同时可防治蓟马、蛴螬、蚜虫等。

二、豆荚螟

（一）为害症状

豆荚螟又称豆蛀虫，属寡食性害虫，寄主仅限于豆科作物。以幼虫蛀食豆荚、花蕾和种子为害，一般 6—10 月为幼虫为害期，主要以幼虫蛀入豆荚食害豆粒，被害豆粒形成虫孔、破瓣，甚至大部分豆粒被吃光。防治不及时的田块，常常造成十荚七蛀，一般减产可达 30%~50%，严重的减产 70% 以上。

（二）防治措施

1. 农业防治

及时清除田间落花落荚，集中销毁；在花期和结荚期灌水，可增加入土幼虫死亡率；与非豆科作物轮作并深翻土地，使幼虫和蛹暴露于土表冻死或被鸟类等天敌捕食。

2. 生物防治

在老熟幼虫入土前田间湿度大时，每亩可用 1.5kg 白僵菌粉剂加细土撒施，保护自然天敌，发挥控制作用。

3. 化学防治

成虫发生盛期或卵孵化盛期前田间喷药，可防治成虫和初孵化的幼虫。可用50%倍硫磷乳剂1 000~1 500倍液、50%杀螟松乳剂1 000倍液喷雾，每亩用药量为75kg稀释液。

三、大豆蚜虫

（一）为害症状

大豆蚜虫俗称腻虫，在我国大豆产区均有发生，尤其在东北、华北、内蒙古等地发生普遍而且较重，主要为害大豆，还可为害野生大豆、鼠李。大豆蚜虫以成、若虫为害生长点、顶叶、嫩叶、嫩茎、幼荚等幼嫩部分，刺吸汁液，由于叶绿素消失，叶片形成蜡黄色的不定型黄斑，继而黄斑扩大并变褐，受害重的豆株，叶蜷缩，根系发育不良、发黄，植株矮小，分枝及结荚数减少，百粒重降低。幼苗期大豆蚜虫发生严重时，可使整株死亡，造成缺苗断垄。

（二）防治措施

1. 农业防治

合理进行大豆、玉米间作或混播可以有效减轻大豆蚜的发生。在豆田四周种植一圈高秆的非寄主植物（如高粱），用于防治蚜虫传病毒已证明相当有效。及时铲除田、沟边杂草。

2. 苗期预防

用4%铁灭克颗粒剂播种时沟施，用量为2kg/亩（不要与大豆种子接触），可防治苗期蚜虫，对大豆苗期的某些害虫和地下害虫也有一定防效。也可在苗期用35%伏杀磷乳油喷雾，用药量为0.13kg/亩，对大豆蚜控制效果显著而不伤天敌。

3. 其他生育期防治

根据虫情调查，在卷叶前施药。用20%速灭杀丁乳油2 000

倍液，在蚜虫高峰前始花期均匀喷雾，喷药量为 20kg/亩；15%唑蚜威乳油 2 000 倍液喷雾，喷药量 10kg/亩；15%吡虫啉可湿性粉剂 2 000 倍液喷雾，喷药量 20kg/亩。

4. 生物防治方法

利用赤眼蜂灭卵，于成虫产卵盛期放蜂 1 次，每亩放蜂量 2 万~3 万只，可降低虫食率 43%左右，如增加放蜂次数，防治效果更佳。

四、大豆孢囊线虫病

（一）为害症状

大豆整个生育期均可为害，主要为害根部。被害植株生长不良、矮小，茎和叶变淡黄色，豆荚和种子萎缩瘪小，甚至不结荚，田间常见成片植株变黄萎缩，拔出植株，可见根系不发达，侧根减少，细根增多，根瘤少而小，根上附有白色的球状物（雌虫孢囊）。根系染病被寄生主根一侧鼓包或破裂，露出白色亮晶微如面粉粒的孢囊，由于孢囊撑破根皮，根液外渗，导致根部病状加重或造成根腐。

（二）防治措施

（1）加强检疫，严禁将病原带入非感染区。

（2）选用抗病品种。

（3）合理轮作要避免连作、重茬，病田种玉米或水稻后，孢囊量下降 30%以上，是行之有效的农业防治措施。

（4）药剂防治。提倡施用甲基异硫磷水溶性颗粒剂，每亩300~400g 有效成分，于播种时撒在沟内，湿土效果好于干土，中性土比碱性土效果好，要求用器械施不可用手施，更不准溶于水后手蘸药施。也可用 8%甲多种衣剂以药种比例为 1∶75 进行种子包衣处理。还可应用生物防治剂大豆保根剂进行防治。

五、豆秆黑潜蝇

（一）为害症状

豆秆黑潜蝇别名豆秆蝇、豆秆蛇潜蝇、豆秆钻心虫等，除为害大豆外，还为害绿豆、豌豆等其他豆科作物，是广泛分布在江淮之间大豆产区的一种常发性、多发性害虫，一般可使70%大豆植株受害，产量损失常年在15%~30%，重发年份可造成减产50%。此虫从苗期开始为害，以幼虫在大豆的主茎、侧枝及叶柄处侵入，在主茎内蛀食髓部和木质部，形成弯曲的隧道。受害植株由于上下输导组织被破坏，水分和养分输送受阻，造成植株矮小，叶片发黄，似缺肥缺水状，后期成熟提前，秕荚、秕粒增多，百粒重明显降低，重者茎秆中空，叶脱落，以致死亡。由于此害虫体形较小，活动隐蔽，极易忽视而错过防治。

（二）防治措施

（1）及时清除田边杂草和受害枯死植株，集中处理，同时清除豆田附近的豆科植物，减少虫源。

（2）采取深翻、提早播种、轮作换茬等措施。

（3）夏大豆尽量早播，培育壮苗，可以减轻为害。

（4）化学防治以防治成虫为主，兼治幼虫，于成虫盛发期，用50%辛硫磷乳油、50%杀螟硫磷乳油、50%马拉硫磷乳油1 000倍喷雾，喷后6~7d再喷1次。

六、豆卷叶螟

（一）为害症状

豆卷叶螟又名大豆卷叶虫，在全国各地都有发生，是南方大豆的主要食叶性害虫，近年来有加重发生的趋势。主要为害大豆、豇豆、绿豆、赤豆、菜豆、扁豆等豆科作物。以幼虫缀叶取食叶片叶肉组织，将豆叶向上卷折，使叶片卷曲，尤其以大豆开花结荚期为害较重，由于营养器官受到破坏，常引起大量落花落荚，秕荚、秕粒增多，造成大豆产量和质量下降。

（二）防治措施

（1）及时清除田间落花、落荚和残枝落叶，并摘除被害的卷叶和豆荚，用手捏杀幼虫，减少虫源。

（2）在豆田架设黑光灯，诱杀成虫。

（3）药剂防治。做好虫情测报，根据豆荚螟的卵孵化盛期或在大豆开花盛期，最迟应在 3 龄幼虫蛀荚前作为最佳喷药适期，选用高效、低毒、低残留无公害环保型药剂喷施。40%灭虫清乳油每亩 30mL，兑水 50～60kg；5%锐劲特胶悬剂 2 500 倍液，从现蕾开始，每隔 10d 喷蕾、花 1 次。

（4）在翻耕豆茬地时随犁拾虫，成虫盛发期捕捉成虫，保护和利用天敌，如落叶松毛虫、黑卵蜂等。

第七章　花生病虫害绿色防控

第一节　病　害

一、花生茎腐病

（一）为害症状

该病从发芽到成株期均可发生。主要为害子叶、根、茎，以根颈部、茎基部受害最重。幼苗出土前即可感病腐烂，病菌从子叶或幼根侵入植物，使子叶变黑褐色，呈干腐状，然后侵入植株根颈部，产生黄褐色水渍状病斑，随着病害的发展渐变成黑褐色。感病初期，地上部叶色变淡，午间叶柄下垂，复叶闭合，早晨尚可复原，但随着病情的发展，病斑扩展环绕茎基部时，地上部萎蔫枯死。幼苗发病至枯死通常历时 3~4d。

（二）防治措施

（1）选用抗病品种。尚未有免疫品种，但不同品种间抗性差异较大，可因地制宜选用。

（2）选用无病、没有霉捂的种子。在植株健壮、无病的田块选留种子，适时收获，避免阴雨天收获，并在霜前收完，切勿水淹，并剔除病株、病果。

（3）农业防治。选择地势高燥、排水透气的沙质或壤土种植花生，多雨地区应高垄栽培。适时播种，播种不宜过深。合理密植，防止田间郁闭。中耕时不要伤及根部。施用的有机肥应充分高温腐熟，不施用带菌尤其是混有病株残体的土杂肥，增施磷、钾肥以及石灰、石膏、草木灰等钙质肥料，勿偏施氮肥，能增强植株和荚果的抗病性。

二、花生青枯病

（一）为害症状

花生青枯病是一种土传性维管束病害。在自然条件下，病菌从根部侵入花生植株，通过在根和维管束木质部增殖及一系列生化作用，使导管丧失输水功能，导致失水而突发死亡，刚发病的植株可仍保持绿色，根或茎基部横切面可溢出白色菌脓，这是花生青枯病的一大特征。

（二）防治措施

（1）选用抗病品种。

（2）合理轮作。对重病区、水源条件较好，实行水旱轮作是控制花生青枯病发生为害的最有效措施。对旱坡地花生种植区，不能进行水旱轮作，可与青枯病菌的非寄主植物轮作，如玉米、甘薯、大豆等，一般轮作 2～3 年，具有明显减轻病害的作用。

（3）加强栽培管理。田间栽培管理措施对控制花生青枯病的发生和为害具有一定作用。在花生青枯病发生区，应注意田间肥水管理。

三、花生褐斑病

（一）为害症状

褐斑病主要发生在叶片上，严重时叶柄、茎秆也可受害。病原菌侵染叶片后，开始出现黄褐色小斑点，后发展成近圆形病斑，病斑边缘的黄色晕圈较宽而明显，病斑在叶片正面呈黄褐色或深褐色，背面一般为黄褐色。发病导致叶片提早脱落，大面积发生时可使全部叶片脱落，植株提早枯死。

（二）防治措施

（1）选育和种植抗病品种。

（2）农业防治。花生收获后及时清除田间病株残体，并集中烧毁，病地及时大犁深翻耕，以加速病残体分解，能减少初侵染来源。加强栽培管理，适时播种，合理密植，施足底肥，增施磷钾钙肥，适时喷施叶面肥，避免偏施氮肥，促进花生健壮生长。

（3）药剂防治。它是目前最有效的防治方法。发病初期或病叶率达 5%～7% 时，及时喷药防治。防治效果较好的药剂有60%百泰、70%代森锰锌、50%多菌灵、50%甲基硫菌灵、75%百菌清等。一般间隔 10～15d 喷药 1 次，连续 2～3 次。

四、花生黑斑病

（一）为害症状

主要为害花生叶片，严重时叶柄、托叶、茎秆和荚果均可受害。黑斑病病斑一般比褐斑病小，直径为 1～5mm，近圆形或圆形。病斑呈黑褐色，正反两面颜色相近，周围没有黄色晕圈或仅有不明显的淡黄色晕圈。在叶背面病斑上，通常产生许多黑色小点，同心轮纹状，着生分生孢子梗和分生孢子。严重时产生大量病斑，引起叶片干枯脱落。病菌侵染茎秆也产生黑褐色病斑，凹陷，严重时使茎秆变黑、枯死。

（二）防治措施

同花生褐斑病。

五、花生焦斑病

（一）为害症状

包括焦斑、胡麻斑两种类型。常见焦斑类型，病原菌自叶尖侵入，随叶片主脉向叶内扩展，形成楔形大斑，病斑周围有明显黄色晕圈；少数病斑自叶缘侵入，向叶内发展，初期褪绿渐变黄、变褐，边缘常为深褐色，周围有黄色晕圈。早期病部枯死呈灰褐色，产生很多小黑点。常与褐斑病、黑斑病混生，把后者包围在楔形斑内。

（二）防治措施

同花生褐斑病。

六、花生锈病

（一）为害症状

叶片受锈菌侵染后，在正面或背面出现针尖大小淡黄色病斑，后扩大为淡红色突起斑，随后病斑部位表皮破裂，露出铁锈状红褐色粉末物，即病菌夏孢子。下部叶片先发病，渐向上扩展。当叶片上病斑较多时，小叶很快变黄干枯，似火烧状，但一般不脱落。

（二）防治措施

应以栽培防病为基础，种植抗病品种为中心，适期喷药防治为辅助的综合措施。

（1）种植抗病、高产品种。花生品种间对锈病的抗性有明显差异，可因地制宜选用。

（2）农业防治。加强栽培管理，因地制宜调节播期，春播花生应适当早播，以避开生长后期多雨、高温的花生锈病盛发期。秋花生应适当晚播（立秋前），以避开花生生长前期多雨季节；合理密植，配方施肥，多施有机质肥，增施磷、钾肥和石灰，适时喷施叶面营养剂。

（3）药剂防治。在抓好上述栽培管理措施的同时，定期到田间调查测报病情，开花后要加强田间调查，锈病发生初期及出现中心病株，及时制订防治方案。第一次喷药适期为病株率15%~30%、病叶率5%、病情指数小于2。近地面第1、第2叶有2~3个病斑时，要立即喷药。每隔7~10d喷药1次，连续3~4次。可选用药剂有：40%三唑酮可湿性粉剂3 000倍液、40%三唑酮多胶悬剂1 000倍液、50%胶体硫150倍液、40%三唑酮硫黄悬浮剂800倍液、95%敌锈钠可湿性粉剂600倍液、75%百菌清可湿性粉剂500倍液、65%代森锌可湿性粉剂500~600倍液、70%代森锰锌可湿性粉剂400倍液、50%克菌丹可湿性粉剂500倍液、25%阿米西达嘧菌酯悬浮剂1 000~1 200倍液。

七、花生根结线虫病

（一）为害症状

根结线虫主要侵害根系，根的输导组织受到破坏，影响水分与养分的正常吸收运转，因此，植株的叶片黄化瘦小，叶缘焦灼，直至盛花期萎黄不长。

鉴别这一病害时，要特别注意虫瘿与根瘤的区别：虫瘿长在根端，呈不规则状态，表面粗糙，并有许多小毛根，解剖可见乳白色沙粒状雌虫；根瘤长在根的一侧，圆形或椭圆形，表面光滑，不长小毛根，剖开可见肉红色或绿色组织。

（二）防治措施

（1）农业防治。北方花生产区实行花生与玉米、小麦、大麦、谷子、高粱等禾本科作物或甘薯实行2~3年轮作，能大大减轻土壤内线虫的虫口密度；轮作年限越长，效果越明显。深翻

改土，多施有机肥，创造花生良好的生长条件，增强抗病力，是农业防治的一项重要措施。花生收获时，进行深刨可把根上线虫带到地表，通过干燥消灭一部分线虫。修建排水系统，不用有线虫的土垫栏，彻底清除田内外的寄主杂草，都可减轻线虫的为害。

（2）化学防治。常用的杀线虫剂有熏蒸剂、内吸性或触杀的非熏蒸剂。

第二节 虫 害

一、蛴螬

蛴螬是金龟子幼虫的总称。蛴螬在我国各花生生产区均有发生，由于各地气候、土质、地势及作物种类的不同，害虫种类与为害程度不一。

（一）为害症状

花生从种到收皆可受到蛴螬为害，苗期取食种仁，咬断根茎，造成缺苗断垄；生长期至结荚期取食果针、幼果、种仁，造成空壳、烂果和落果；为害根系，咬断主根，造成死株。有些种类的成虫能将花生茎叶食光。受害花生一般减产 10%～20%；严重的减产 60%～70%，甚至失收。

（二）防治措施

（1）调查与预测预报。通过调查虫口基数，预报发生程度；根据天气预报，预测大黑鳃金龟的发生期；根据成虫出土高峰期，预报成虫和幼虫的防治适期。

（2）农业防治。结合花生及其轮作作物的耕地、播种、收获等农事环节捡拾蛴螬；利用金龟甲的假死性，在黑暗鳃金龟和铜绿丽金龟的出土高峰期至开始产卵前，组织人工捕杀。通过水旱轮作或者寒冷季节灌水，能有效减轻蛴螬为害。此外，不得施用未腐熟的有机肥，否则会大量吸引蛴螬。

（3）物理防治。利用昆虫的趋光性，应用黑光灯等诱杀成虫。

（4）生物防治。蛴螬的天敌生物种类很多，如扑食类的步行虫、蟾蜍等，寄生类的臀钩土蜂、螨、线虫、原生动物、白僵菌、乳状芽孢杆菌、苏云金芽孢杆菌（Bt）制剂等均是蛴螬的重要天敌。在生产中应注意保护利用，有助于控制蛴螬为害。

（5）化学防治。播种前种子包衣与药剂盖种，可以有效防治春季上移为害的金龟甲越冬幼虫及花生苗期发生的金龟甲等其他地上、地下害虫。

二、地老虎

（一）为害症状

地老虎能咬断花生嫩茎，或在土中截断幼根，造成断苗缺垄。个别还能钻入荚果内取食籽仁。地老虎食性杂，除为害花生外，还能为害小麦、玉米、棉花等多种作物。

（二）防治措施

（1）农业防治。杂草是地老虎的产卵寄主和初龄幼虫的重要食料，早春时节清除田间杂草可以消灭大量地老虎的卵及幼虫。水旱轮作或灌水可消灭多种地下害虫。

（2）诱杀成虫。利用成虫趋光、喜食蜜源植物等习性进行诱杀。在幼虫孵化时喷施 50% 辛硫磷乳油、2.5% 溴氰菊酯等1 000 倍液；或用鲜草毒饵诱杀，鲜草 50kg，加 90% 敌百虫0.5kg，于傍晚撒于田间。此外，可根据地老虎 3 龄后为害造成掉枝的特点，于清晨人工捉虫。

（3）药剂防治。一是毒土，每亩用75%辛硫磷乳油0.1kg，加少量水，喷拌细土20kg，撒在苗四周。二是喷药，溴氰菊酯、增效氰马、辛硫磷、敌百虫等均有很好的杀灭效果。

三、蚜虫

花生蚜虫俗称蜜虫、腻虫，又称豆蚜、槐蚜、苜蓿蚜。

（一）为害症状

花生蚜虫是一种常发性、为害严重的害虫。不仅吸食幼叶汁液，还能传染花生病毒病，造成植株矮小、叶片卷曲，严重影响开花下针和结果。蚜虫猖獗时，排出的蜜露黏附在植株上，引起霉菌滋生，茎叶发黑，甚至整株枯死。

（二）防治措施

应针对其前期隐蔽为害、繁殖快、代数多等特点，做好田间调查、准确掌握虫情，进行综合防治。

（1）农业措施。秋后及时清除田埂、路边杂草，减少越冬寄主。覆膜栽培花生，苗期具有明显的反光驱蚜作用，特别是使用银灰膜覆盖可以有效地减轻花生苗期蚜虫的发生与为害。

（2）生物防治。利用花生蚜虫的天敌，控制效果比较明显，如蚜虫发生时，以1：（20~30）释放食蚜瘿蚊；每平方米释放400头烟蚜茧蜂或3~115头七星瓢虫；每隔一定距离投放草蛉卵箔条。在使用药剂防治蚜虫时应避免在天敌高峰期使用，同时要选用对天敌杀伤力小的农药品种，以保护天敌。喷施毒力虫霉菌（EB-82灭蚜菌）200倍液、0.6%苦参碱内酯（清源保）1 000倍液，防效很好。此外，紫苏茎叶、烟叶、枫杨叶、大蒜、洋葱、生姜捣碎，过滤后，取汁液稀释适当倍数后喷施，有驱避、防治效果。

（3）化学防治。花生苗期蚜虫的防治，既要考虑蚜虫对花生的直接为害，更要考虑防治蚜虫对花生病毒的影响，所以防治宜早不宜晚。花生播种时每公顷用10%辛拌磷粉粒剂（812）7.5kg，或15%铁灭克7.5kg，或3%呋喃丹颗粒37.5kg等药剂盖种，或使用克甲种衣剂按种子量的1/70~1/50拌种，使花生带药生长，对苗期蚜虫的防治作用明显，且有利于保护天敌，同时兼治地下害虫。

四、蓟马

蓟马是一种靠吸食植物汁液为生的昆虫。种类超过6 000种，分布广泛。我国已经记载300余种，在南北方花生产区均有广泛发生。为害花生的主要为茶黄硬蓟马、端带蓟马（豆蓟马）。

（一）为害症状

蓟马个体小，行动敏捷，能飞善舞，多生活在植物的花器、嫩枝、幼叶和果实上。成虫及若虫一般群集于叶背，为害花生，以锉吸式口器挫伤新叶及嫩叶，吸收汁液。受害叶片呈黄白色失绿斑点，叶片变细长，皱缩不展开，形成"兔耳状"，心叶展不开。受害轻的影响生长、开花和受精，严重的植株生长停滞，矮小黄弱。

（二）防治措施

同蚜虫。

第八章 油菜病虫害绿色防控

第一节 病　害

一、油菜菌核病

（一）为害症状

花瓣感病，可见油渍状褐色小点，发病角果与茎、枝病斑相似，病部灰白，表皮粗糙，有的病角果外被白色菌丝包住，形成小菌核。

（二）防治措施

（1）种子处理。选择无病株留种，播种前选用无病种子或进行种子处理，用10%～15%的食盐水选种，清除上浮的秕粒和小菌核，将下沉的种子用清水洗净晾干后播种。

（2）加强栽培管理。适期播种移栽，合理密植，避免早播、早栽；做到合理施肥，重施基肥、苗肥，早施蕾肥、薹肥，减施氮肥，增施磷、钾、硼肥和锌肥；合理耕作，推行深沟、窄畦栽培，及时开沟排涝降湿；轮作换茬，实现旱地油菜与禾本科作物轮作、水稻和油菜轮作，以提高防病效果。

（3）药剂防治。油菜始花期（3月上中旬），掌握在子囊盘盛发期用80%多菌灵可湿性粉剂400倍液，均匀喷雾于油菜四周田埂和田间空闲地，杀灭菌源；油菜始花期至盛花期，选用80%

多菌灵超微粉每亩 150g，或 25%咪鲜胺乳油每亩 50mL，或 50%腐霉利可湿性粉剂每亩 100g，兑水 50~60kg（机动喷雾机兑水 30kg）均匀喷雾。施药时重点喷施于油菜植株中下部，要喷匀喷透。

二、油菜霜霉病

（一）为害症状

抽薹后期或花序受害只引起部分花序小分枝或大分枝的顶端发病，其症状与茎秆受害症状相似，病部严重肿胀，弯曲变形，呈龙头状，先出现水渍状斑，而后布满白色霜霉层。花器受害后肥大畸形，花瓣变成绿色不凋落，后期也布满白色霜霉。

（二）防治措施

（1）采用抗病品种。

（2）加强栽培管理。实行与禾本科作物轮作，避免重茬及与十字花科蔬菜轮作，不要在十字花科蔬菜地上连作育苗；适期晚播种，施足基肥，培育壮苗，增施磷、钾肥；摘除黄叶、老叶，及时拔除病苗；及时清沟排涝，降低田间湿度；收获后要及时清除病株残体，清洁田园。

（3）种子处理。播前用种子重量 0.4%的 50%福美双，或 75%百菌清，或种子重 0.3%的 25%甲霜灵拌种。

（4）药剂防治。一般在 3 月上旬油菜抽薹至初花期，病株率达 10%以上时开始喷药。每亩用 80%乙膦铝 500 倍液喷雾。

三、油菜根肿病

（一）为害症状

真菌性病害。主要病状是根部肿大，主根和侧根形成不规则的大大小小的肿瘤，初期表面光滑，白色，以后逐渐变褐，表面粗糙，进而开裂，油菜根部易受土壤杂菌感染而腐烂。因根下部腐烂，主根上部或茎基部可长出许多新根。苗期病害严重时，小苗枯死。拔节后受害，植株生长缓慢、矮小，重者表现为缺水状态，基部叶片在中午时萎蔫，早晚可恢复，后期则叶片变黄，枯萎至全株死亡。

（二）防治措施

（1）土壤消毒。结合整地增施草木灰等碱性有机肥，发病田每亩撒施75~100kg生石灰，改变土壤酸碱度，减轻发病。同时田间避免大量施用酸性肥料。

（2）培育无毒苗。选无病地作苗床。病区育苗要进行苗床消毒，消毒方法是在播种前1周用1%福尔马林液浇于苗床上，然后用塑料薄膜盖3~5d，揭膜5~6d后再播种。

（3）处理病残体。田间发现病株及时拔出烧毁，并在病穴四周撒石灰，以防病菌蔓延。油菜收获后及时清除田间遗留的病残体。

（4）药剂灌根。发病后用58%瑞毒霉锰锌400倍液或75%百菌清可湿性粉剂800倍液灌根。

四、油菜黑斑病

（一）为害症状

真菌性病害。主要为害叶片和叶柄，还可为害花梗和角果。叶片病斑圆形或近圆形、灰褐色，具有明显的同心轮纹，并生有黑色霉状物，病斑周围有黄色晕环。叶上病斑多时，叶片易变黄早枯。

（二）防治措施

（1）种子处理。用50℃温水浸种20min，立刻移入冷水中降温，晾干后播种；或用种子重量0.3%的75%百菌清可湿性粉剂拌种。

（2）加强栽培管理。收获前选无病株留种，低温贮存。与瓜类、豆类、葱蒜类等非十字花科蔬菜隔年轮作，深耕，清除病残体，培育壮苗。

（3）药剂防治。发病初期可喷洒 50%多菌灵可湿性粉剂800~1 000 倍液，或 70%甲基硫菌灵可湿性粉剂 300 倍液，或75%百菌清可湿性粉剂 600 倍液等。喷药要均匀、周到，并视病情适期补治。

五、油菜白斑病

（一）为害症状

真菌性病害。油菜整个生育期均可受害，主要为害叶片，病斑在老叶上较多。发病初期在叶上出现灰褐色或黄白色圆形小病斑，后逐渐扩大为圆形或近圆形大斑，边缘带绿色，中央灰白色至黄白色，病部稍凹陷变薄，易破裂，湿度大时病斑背面产生浅灰色霉状物，有时有轮纹。

（二）防治措施

（1）选用抗病品种，选用无病株留种。

（2）加强栽培管理。与非十字花科作物实行 2 年以上的轮作；注意平整土地，减少田间积水；适期播种，增施基肥；油菜收获后，深翻土地，将病残株埋入土中。

（3）药剂防治。发病初期可用 70%代森锰锌，或 50%多菌灵 500 倍液，或 75%百菌清可湿性粉剂 600 倍液喷施，做到喷雾均匀。

六、油菜黑腐病

（一）为害症状

细菌性病害。主要为害根、茎、叶和角果等器官。幼苗、成株均可发病，油菜的生育后期发病较多。叶片染病现黄色"V"形斑，叶脉黑褐色，叶柄暗绿色水渍状，有时溢有黄色菌脓，病斑扩展致叶片干枯。抽薹后主轴上产生暗绿色水浸状长条斑，湿度大时溢出大量黄色菌脓，后变黑褐色腐烂，主轴萎缩卷曲，角果干秕或枯死。

（二）防治措施

（1）种植抗病品种。

（2）选择无病田留种，在无病株上采种。

（3）加强栽培管理。水旱轮作，或与非十字花科蔬菜进行2~3年轮作；适时播种，不宜过早；合理浇水，适期蹲苗；及时清沟排渍，降低田间湿度；施用腐熟粪肥，减少田间菌量。

（4）药剂防治。发病初期喷洒72%农用硫酸链霉素可溶性粉剂3 000~3 500倍液，或12.5%氯霉素2 000倍液，或14%络氨铜水剂350倍液，或12%绿乳铜乳油600倍液等，均匀喷雾。但对铜剂敏感的品种须慎用。

七、油菜软腐病

（一）为害症状

细菌性病害。油菜根、茎、叶等部位均可受害。病菌从茎基部伤口侵入后，产生不规则水渍状病斑，略凹陷，后逐渐扩大，继而病部皮层龟裂易剥开，病害向内扩展茎内部软腐变空，有恶臭液流出，病害可从茎蔓延到根部，病株与根部分离稍拔即起，靠近地面的叶片叶柄纵裂、软化、腐烂，病部溢出灰白色或污白色黏液，有恶臭味。

（二）防治措施

（1）种植抗病品种。

（2）加强栽培管理。深耕晒土，高畦栽培，及时清沟排涝，降低田间湿度；秋季高温年份，适当推迟播种；水旱轮作，或旱地与禾本科作物进行2~3年轮作；发现重病株连根拔除，带出田外深埋或沤肥，病穴用石灰消毒；油菜收获后彻底清除病残株；施用腐熟的有机类肥；田间操作时避免伤苗、伤株。

（3）治虫防病。及时治虫，减少昆虫传病。

第二节　虫　害

一、油菜蚜虫

（一）为害症状

蚜虫对油菜的直接为害，均以成蚜、若蚜群集于油菜心叶、叶背、嫩茎、花梗、花柄、嫩角等处，刺吸汁液和水分，使受害叶发黄、卷缩，叶表现出油状光泽，生长不良。嫩茎和花梗受害，多呈畸形，影响抽薹、开花和结实。

（二）防治措施

（1）栽培防蚜。适当迟播减轻苗蚜的为害；清洁田园，减少虫口基数，干旱时适时灌水保湿，促苗健长；清除田间及附近杂草，结合间苗定苗或移栽，除去有蚜株。

（2）驱蚜、诱蚜。苗床期利用银灰色塑料薄膜趋避蚜虫。秋季油菜移栽的同时，在田间设置涂有油层的专用黄板诱蚜，减轻苗期蚜虫发生。

（3）保护利用天敌。释放、利用瓢虫、草蛉、食蚜蝇、蚜茧蜂等天敌，控制油菜蚜虫重发。

（4）药剂防治。油菜苗期、薹期百株蚜量分别达到1 000头和3 000头时，每亩用10%吡虫啉20g或50%辟蚜雾可湿性粉剂30g，苗期兑水40kg、薹期兑水60kg均匀喷雾。苗期施药时，叶

背要喷到，开花结角期应集中喷药于顶梢。

二、油菜潜叶蝇

（一）为害症状

油菜潜叶蝇幼虫为害油菜、豌豆、白菜等130多种植物。油菜开花结果期以幼虫潜入叶片上下表皮之间取食叶肉，叶片上形成灰白色的弯曲、不规则虫道，内有细粒虫粪。为害严重时，叶处布满虫道，叶片组织几乎失去绿色部分。

（二）防治措施

（1）诱杀成虫。利用成虫喜食花蜜的习性，成虫发生期用30%糖水，加0.05%敌百虫制成毒糖液，在间距3m左右点喷3~5株，3~5d 1次，共4~5次，诱杀成虫。

（2）清洁田园。早春清除田间地头的杂草，摘除油菜基部老黄叶片，清除田间残株败叶，以减少虫源。

（3）药剂防治。春季成虫盛发期或幼虫初孵期喷药防治效果好，用40%氧化乐果乳油1 000倍液，或48%毒死蜱乳油2 000倍液等生长调节剂类药剂。

三、油菜茎象甲

（一）为害症状

主要为害油菜及其他十字花科植物。以成虫啃食叶片、嫩茎和嫩果皮层，在油菜茎部咬孔产卵，刺激茎部膨大、扭曲、崩裂，植株易倒伏、折断，分枝结果显著减少。

（二）防治措施

（1）消灭杂草。消灭麦田播娘蒿等杂草，可有效地压低秋季迁入油菜田的虫源。

（2）药剂防治。抓住油菜越冬前和早春油菜抽薹期（2月中下旬至 3 月初）成虫产卵前这一关键时期采取措施。药剂可选用 2.5%敌百虫粉剂 2kg 喷粉，或 2.5%溴氰菊酯等内吸性强的药剂，兑水喷雾。喷雾一定要仔细，最好是先喷粉，间隙 7～10d 再喷雾。

四、油菜黑缝叶甲

（一）为害症状

幼虫以取食油菜嫩叶为主，蚕食叶片成缺刻或孔洞，仅残留主脉和大叶脉，大发生时可食光大片油菜。秋苗受害叶片被吃光，咬掉生长点，造成缺苗断垄乃至毁种。幼虫群集性强，有假死性和转移为害习性；油菜初抽薹时也取食蕾、花和嫩枝梢，茎秆木质化后则啃食茎秆基部表皮，并蛀食茎髓，使茎秆折断枯死。

（二）防治措施

（1）加强栽培管理。利用小菜蛾的趋光性，可应用杀虫灯或性诱剂，诱杀成虫。

（2）药剂防治。一是撒施毒土。播种时每亩用 2.5%辛硫磷粉 2kg 拌细土 30kg，撒施土表，然后耙入或翻入土中 10～20cm 处，防治越夏成虫及越冬卵块。二是越夏成虫出土后至越冬前，发现成虫迁入田内为害时，每亩喷洒 2.5%辛硫磷粉剂 1.5kg 或 2.5%敌百虫粉剂 2kg，防治成虫，防止产卵及越冬。三是油菜返青时，定期、定点检查卵块密度和孵化率，每平方米内有 1 堆卵块、孵化率高于 80%时喷施药剂，可选用 40%氧化乐果乳油 1 000～1 500 倍液或 48%毒死蜱乳油 2 000 倍液，或 2.5%溴氰菊酯乳油 1 500 倍液等菊酯类喷雾。

五、菜粉蝶

（一）为害症状

为害油菜和甘蓝、白菜、萝卜等十字花科植物。粉蝶类皆以幼虫啃食油菜叶片，刚孵化的幼虫先取食卵壳再食叶片。2龄前的幼虫仅啃食叶肉，留下一层薄而透明的表皮，常称"开天窗"。3龄幼虫咬食叶片造成孔洞或缺刻。4～5龄幼虫在叶背、叶面或叶缘将叶片咬成网状或大的缺刻，严重时整个叶片被食光，仅剩下叶脉和叶柄。

（二）防治措施

（1）清洁田园。油菜、蔬菜收获后，彻底清除田间的残株枯叶，并带出田外集中处理。

（2）生物防治。菜粉蝶的天敌种类有70种以上，主要的寄生性天敌有广赤眼蜂、微红绒茧蜂、颗粒体病毒等，捕食性天敌有食虫蝽、隐翅虫、胡蜂等，应保护和利用这些天敌。喷洒杀螟杆菌（每克含活孢子100亿个以上）、青虫菌或苏云金杆菌乳油等生物制剂500～800倍液。

（3）化学防治。掌握在2龄幼虫前施药，并注意轮换交替用药。药剂可参照小菜蛾的防治。

第九章 甘薯病虫害绿色防控

第一节 病 害

一、甘薯根腐病

（一）为害症状

甘薯根腐病俗称烂根病、地痞、开花病，是一种毁灭性病害。秧苗染病后，根尖变黑，后蔓延到根茎，形成黑褐色病斑，病部表皮纵裂，皮下组织变黑。发病轻的地下茎可发出新根，虽能结薯，但薯块小。发病重的地下根茎大部分变黑腐败，分枝少，节间短，直立生长，叶片小且硬化增厚，个别植株出现开花现象，叶片逐渐变黄反卷，向上干枯脱落，全株枯死。

（二）防治措施

（1）种植抗根腐病品种是防治根腐病最有效的措施。

（2）增施有机肥，提高植株的抗病能力。

（3）轮作倒茬。与花生、芝麻、棉花、玉米、高粱、谷子、绿肥等作物进行3年以上轮作。

二、甘薯黑斑病

（一）为害症状

甘薯黑斑病俗称黑疤病、干疔、烂脚疤、黑脚等，生育期和

贮藏期均可发生，主要侵害薯苗、薯块，不为害绿色部位。薯苗染病，茎基白色部位产生黑色近圆形稍凹陷斑，后茎腐烂，植株枯死，病部产生霉层。薯块染病初期，呈黑色小圆斑，扩大后呈不规则形略凹陷的黑绿色病疤。病疤上初生灰色霉状物，后生黑色刺毛状物，病薯有苦味且对人畜有毒，贮藏期可继续蔓延，造成烂窖。

（二）防治措施

（1）建立无病留种地。最好选用 3 年以上没有种过甘薯的地块作为留种地。

（2）培育无病薯苗。具体措施包括：①严格挑选种薯，剔除带病薯块；②高剪苗；③温水浸种，用 50～54℃温水浸种薯10min；④药剂浸种，用 50% 多菌灵可湿性粉剂 500 倍液或 50% 甲基硫菌灵可湿性粉剂 500 倍液等浸种 5min；⑤药剂浸苗，用 50% 多菌灵可湿性粉剂 500 倍液等浸薯苗基部（6cm 左右）10min。

（3）选用抗黑斑病品种。

三、甘薯病毒病

（一）为害症状

甘薯病毒病分为两大类，普通甘薯病毒病和危险性甘薯病毒病。前者的症状主要有叶片呈斑点型、花叶型、卷叶型、叶片皱缩型和叶片黄化型，造成的产量损失一般在 30% 以下；后者的症状表现叶片扭曲、畸形、叶片褪绿、明脉以及植株矮化等混合症状，感染后，鲜薯减产一般达 80% 以上，严重时绝收。

（二）防治措施

1. 种植脱毒甘薯

对于普通甘薯病毒病和危险性甘薯病毒病，种植脱毒甘薯是最有效的防控措施。

2. 危险性甘薯病毒病的防治

加强产地检疫，发现病株及时拔除销毁，尽量减少跨大区调运种薯、种苗。

在育苗期，发现疑似病株及时拔除。此措施可有效减少大田甘薯病毒病的发病率。

四、甘薯黑痣病

（一）为害症状

甘薯黑痣病俗称黑皮病。该病主要为害薯块的表层，起初为浅褐色小斑点，后扩展成黑褐色近圆形至不规则形大斑。湿度大时，病部生有灰黑色霉层。发病重的病部硬化，产生微细龟裂。受害病薯易失水，逐渐干缩，影响商品价值。

（二）防治措施

以综合防治为主。

（1）选用无病种薯，培育无病壮苗。

（2）建立无病留种田，实行3年以上轮作。

（3）采用高畦或起垄种植，注意排涝，减少土壤湿度，增加土壤通透性，减少病菌的存活率。

（4）栽种时薯苗用杀菌剂浸苗。

五、甘薯紫纹羽病

（一）为害症状

甘薯紫纹羽病俗称"红筋网"。主要发生在大田期，为害薯块或其他地下部位。病株表现枯萎黄化，薯块、茎基的外表生有病原菌的菌丝，白色或紫褐色，似蛛网状。薯块由下向上，从外向内腐烂，后仅残留外壳，须根染病的皮层易脱落。

农作物植保员

（二）防治措施

严格选地，不宜在发生过紫纹羽病的桑园、果园以及大豆、山芋等地栽植甘薯，最好选择禾本科如小麦、玉米等茬口。

发现病株及时挖除烧毁，四周土壤用20%石灰水浇灌。

发病初期在病株四周开沟，防止菌丝体、菌索、菌核随土壤或流水传播蔓延。

发病初期及时喷淋或浇灌50%苯菌灵可湿性粉剂1 500倍液。

六、甘薯软腐病

（一）为害症状

甘薯软腐病俗称薯耗子、脓烂。是育苗期和贮藏期发生较普遍的病害之一。薯块染病，初在薯块表面长出大量灰白霉，后变暗色或黑色。病组织变为淡褐色水浸状，病部表面长出大量灰黑色菌丝及孢子囊，黑色霉毛污染周围病薯，形成一大片霉毛。染病薯块发出恶臭味。

（二）防治措施

适时收获和入窖，避免冷害。收获和入窖时最低气温不低于10℃。

入窖前剔除病薯，把水汽晾干后入窖。

硫黄熏窖。窖内旧土铲除露出新土，用硫黄熏蒸，1m³用硫黄15g。

贮藏期科学管理。贮藏初期及时换气，贮藏中期注意保温，贮，后期及时放风。

七、甘薯干腐病

（一）为害症状

甘薯干腐病是甘薯贮藏期的主要病害之一。严重时全窖发病，损失严重。病菌主要从伤口侵入，破坏组织，使之干缩成僵块。发病初期，薯皮不规则收缩，皮下组织呈海绵状，淡褐色。后期薯皮表面产生圆形病斑，黑褐色，稍凹陷，轮廓有数层，边缘清晰。在贮藏后期，该病菌往往从黑斑病病斑处入侵产生并发症。

（二）防治措施

培育无病种薯，选用 3 年以上的轮作地作为留种田。

清洁薯窖，消毒灭菌，旧窖要打扫清洁，然后用硫黄熏蒸（$1m^3$用硫黄 15g）。

入窖初期，对薯块伤口进行高温愈合。

八、甘薯蔓割病

（一）为害症状

发病植株地上部分叶片自下而上变黄脱落，茎维管束褐色，最后茎部开裂，整株死亡。横切病薯上部，维管束呈褐色斑点。

（二）防治措施

（1）选种抗病品种。

（2）培育无病健苗。选用无病种薯，培育无病健苗。

（3）药剂浸种浸苗。在育苗和大田栽插时，薯块或薯苗用 70% 甲基硫菌灵可湿性粉剂 700 倍液或 50% 多菌灵 500 倍液浸 10min。

第二节　虫　害

一、金针虫

（一）为害症状

成虫俗名叩头虫，幼虫别名铁丝虫。金针虫种类很多，主要有钩金针虫、细胸金针虫、褐纹金针虫、宽胸金针虫等。钩金针

虫呈黄色，虫体肥大，扁平，老熟幼虫体长 20~30mm，宽约 4mm，尾节褐色，有二分叉并稍向上弯曲，细胸金针虫也为黄色，虫体稍圆而细长，体长 8~9mm，宽约 2.5mm，尾节圆锥状。

（二）防治措施

用 40%拓达毒死蜱等 100 倍液进行拌种，并可兼治其他虫害。

用 50%辛硫磷 0.2~0.3kg，拌细土 15~20kg，起垄时撒入垄心或栽种时施入窝中。

苗期可用 40%拓达毒死蜱 1 500 倍液或 40%辛硫磷 500 倍液等与适量炒熟的麦麸或豆饼混合制成毒饵，于傍晚顺垄撒入植株基部，利用地下害虫昼伏夜出的习性，即可将其杀死。

二、烟粉虱

（一）为害症状

烟粉虱俗称小白蛾，是一种食性杂、分布广的小型刺吸式昆虫，已成为一种严重为害农作物的世界性重要害虫。若虫和成虫均可刺吸为害植物的幼嫩组织，影响寄主生长发育；分泌蜜露诱发煤污病，影响叶片正常光合作用；传播植物病毒，使植物生长畸形。烟粉虱成虫雌虫体长（0.91±0.04）mm，翅展（2.13±0.06）mm；雄虫体长（0.85±0.05）mm，翅展（1.81±0.06）mm。体淡黄色至白色，无斑点，前翅脉 1 条，不分叉，左右翅合拢呈屋脊状。一般雄虫都比雌虫的个体要小，雌虫尾端钝圆，雄虫呈钳状。

（二）防治措施

1. 农业防治

秋季、冬季清洁田园，烧毁枯枝落叶，消灭越冬虫源。

2. 物理防治

在黄板上涂抹捕虫胶诱杀烟粉虱，黄板放置位置应在距植株边缘 0.5m 处，悬挂在距甘薯的生长点 15cm 处，每亩约挂50 块；在甘薯育苗圃，可用 60 目防虫网防护，防止烟粉虱的入侵。

3. 化学防治

用25%阿克泰（噻虫嗪）水分散粒剂 3 000~4 000 倍液喷雾或灌根（每株用 30mL），或 3%啶虫脒微乳剂 1 000 倍喷雾，或2.5%联苯菊酯 1 000~1 500 倍液喷雾，或 10%吡虫啉 2 000~3 000 倍液喷雾或灌根，或 1.8%阿维菌素乳油 1 500 倍液喷雾。上述药剂应交替使用。

对于封闭的环境可采用烟雾法，棚室内可选用 22%敌敌畏烟剂 300~400g/亩或 20%异丙威烟剂 250g/亩，在傍晚时将温室或大棚密闭，把烟剂分成几份点燃熏烟杀灭成虫。

三、甘薯蚁象

（一）为害症状

甘薯蚁象又称甘薯小象甲，主要在我国南方薯区发生和为害。成虫取食薯块、茎蔓和叶片。雌虫在薯块表面取食成小洞，产单个卵于小洞中，之后用排泄物把洞口封住。幼虫终生生活在薯块中，取食成蛀道，且排泄物充斥于蛀道中。幼虫取食后可使薯块变苦，不能食用。

甘薯蚁象成虫体长约 6mm，体型似蚂蚁，身体被蓝黑色鞘翅覆盖，有金属光泽。前胸和足呈红褐色至橘红色。成虫有假死性。雄虫触角末节呈棍棒状，雌虫呈长卵状。甘薯蚁象幼虫体长约 9mm，月牙形，头部淡褐色，身体灰白色，胸腹足退化。

（二）防治措施

严格检疫，防止扩散。

清洁田园。及时清除苗床薯块；田间甘薯收获后清除为害的薯块、茎蔓和薯拐等，集中深埋或销毁。

实行水旱轮作。

化学防治。在育苗田集中防治效果好，可施用毒死蜱颗粒剂、辛硫磷颗粒剂等药剂进行防治，每亩有效成分100~200g。

第十章 蔬菜病虫害绿色防控

第一节 病 害

一、蔬菜立枯病

（一）为害症状

病原物立枯丝核菌属半知菌亚门。菌丝有隔膜，初期无色，老熟时浅褐色至黄褐色，分枝处成直角，基部稍缢缩。病菌生长后期，由老熟菌丝交织在一起形成菌核。菌核暗褐色，不定型，质地疏松，表面粗糙。

（二）防治措施

1. 农业防治

（1）严格选用无病菌新土配营养土育苗。

（2）苗床土壤处理。用40%亚氯硝基苯和41%聚砹·嘧霉胺水剂混用，比例为1∶1，或用38%恶霜·菌酯悬浮剂，每亩用量25~50g，均匀喷施于苗床。

（3）实行轮作。与禾本科作物轮作可减轻发病。

（4）秋耕冬灌。瓜田秋季深翻25~30cm，将表土病菌和病残体翻入土壤深层腐烂分解。

（5）土地平整，适期播种。一般以5cm地温稳定在12~15℃时开始播种为宜。

（6）加强田间管理。出苗后及时剔除病苗，雨后应中耕破除板结，以提高地温，使土质疏松通气，增强瓜苗抗病力。

2. 生物防治

育苗时，按每平方米使用 3 亿 CFU/g 哈茨木霉菌根部型 2~4g，苗床喷淋。定植时或定植后，稀释 1 500~3 000 倍液，每株 200mL 灌根，间隔 3 个月用药 1 次。

3. 化学防治

药剂拌种。用药量为干种子重的 0.2%~0.3%。常用农药有拌种双、敌克松、苗病净、利克菌等拌种剂。

二、番茄青枯病

（一）为害症状

青枯病病原是茄科劳尔氏菌，为细菌。最初，地上部分未见任何异常现象的植株，白天突然失去生机，整个地上部均枯萎。阴天和早晚有所恢复，如同健株，然而，不久之后便枯萎，呈青枯症状，这一过程进展十分迅猛。

（二）防治措施

1. 农业防治

（1）选用抗病品种。经试验示范，抗青 19、丹粉 1 号、丰宝、洪抗 1 号、杂优 1 号、杂优 3 号、夏星、丰顺、抗青 19 号、蜀早 3 号、湘引、湘番茄 1 号、早抗 1 号等番茄品种对青枯病有较好的抗性。

（2）轮作嫁接。可把番茄与非茄科作物葱、蒜、瓜类、十字花科蔬菜或水稻等实行 4~5 年轮作，或采用嫁接技术控制。嫁接可用野生番茄 CH-2-26 作砧木。

（3）降低湿度。选择排水良好的无病地块育苗和定植。地势低洼或地下水位高的地区采用高畦种植，开好排水沟，使其雨后能及时将雨水排干。及时中耕除草，降低田间湿度。

（4）中耕除草。番茄苗生长早期，中耕可以深些，以后浅些，到番茄生长旺盛期，停止中耕同时避免践踏畦面，以防伤根。

（5）清除病原。若田间发现病株，应立即拔除烧毁，清洁田园，并在拔除部位撒施生石灰粉或草木灰或在病穴灌注2%福尔马林液或20%石灰水。

（6）选无病土育苗。定植地块每亩增施石灰50~100kg，使土壤酸碱度偏碱性，高畦栽培，做好田间排水，避免大水漫灌，可较好抑制细菌的生长繁殖。

（7）配方施肥。氮、磷钾配方施肥，施足基肥，勤施追肥，增施有机肥及微肥，不施用番茄、辣椒等茄科植物沤制的肥料。

2. 化学防治

在番茄青枯病发病初期，青枯立克50mL兑水15kg，进行灌根，7d灌1次，连灌2~3次。若病原菌同时为害地上部分，应在根部灌药的同时，地上部分同时进行喷雾，每7d用药1次，喷雾时，每15kg水可加50mL青枯立克+40mL沃丰素。沃丰素根据作物生长期需肥规律及作物茎叶部吸收转化能力，进行养分补给和转化功能调理。

三、番茄溃疡病

（一）为害症状

番茄溃疡病在幼苗到结果期都可以发生，叶、茎、花、果都可以染病受害。幼苗期：多从植株下部叶片的叶缘开始，病叶发生向上纵卷，并从下部向上逐渐萎蔫下垂，好似缺水，病叶边缘及叶脉间变黄，叶片变褐色枯死。

（二）防治措施

1. 农业防治

（1）加强检疫。严防病区的种子、种苗或病果传播病害。

（2）种子消毒。可用 55℃ 热水浸种 25min，或干种子用 70℃ 恒温箱中处理 72h，5% 盐酸+0.001 6% 芸苔素内酯水剂 500 倍液浸种 5~10h，或 1.05% 次氯酸钠+0.0016% 芸苔素内酯水剂 500 倍液浸种 20~40min，或硫酸链霉素 200mg/kg+0.001 6% 芸苔素内酯水剂 500 倍液浸种 2h，或 0.6% 醋酸浸种 24h。

（3）清洁田园与轮作。发病初期及时整枝打杈，摘除病叶、老叶，收获后清洁田园，清除病残体，并带出田外深埋或烧毁；与非茄科蔬菜实行 3 年以上的轮作，以减少田间病菌数量。

（4）科学施肥。在番茄生长期及时中耕除草，平衡肥水，追肥要控制氮肥的施用量，增施磷钾肥。

（5）适时通风透光，有利于番茄生长，提高抗病性。

2. 化学防治

发病后，可以用 72% 农用硫酸链霉素 4 000 倍液，或 50% 琥胶肥酸铜可湿性粉剂 500 倍液，或 60% 琥·乙膦铝 500 倍液，或 1∶1∶200 波尔多液 500 倍液，或 77% 氢氧化铜可湿性粉剂 500 倍液，或 40% 琥珀酸铜可湿性粉剂 400 倍液，7~10d 1 次，连喷 3~4 次。

四、大白菜软腐病

（一）为害症状

病原菌为欧文菌属，菌体短杆状，大小为（0.5~1.0）μm×（1~3）μm，革兰氏染色阴性，单生、双生或短链状，有多根周生鞭毛，无芽孢。化能有机营养型，兼性厌气，代谢为呼吸型或发酵型，氧化酶阴性，过氧化氢酶阳性。营养琼脂上菌落圆形，隆起，灰白色。

（二）防治措施

1. 农业防治

（1）选用抗病品种。抗软腐病的大白菜品种有绿宝、中白 1

号、北京小杂 50、津东中青 1 号、龙协白 2 号、连白 1 号、冀白菜 4 号、新杂 1 号、鲁白 7 号、鲁光 18、鲁白 10、鲁白 11 等，各地可因地制宜选用。

（2）适时播种。大白菜软腐病的发生与播种期关系密切。一般适于防治霜霉病和病毒病的最适播期也适用于防治软腐病。150g 种子用菜丰宁 B1 100g 拌种。

（3）精细整地，高垄种植，做好田间管理。软腐病可通过流水经伤口传播，由于整地粗放造成田间积水是促使软腐病发生的原因。因此，精细整地是防治软腐病的关键之一。在非盐碱地上种大白菜，采用高垄种植可明显地减轻软腐病发生。

（4）加强栽培管理。种植大白菜最好选择前茬为非十字花科作物的地块，提早耕翻整地，改进土壤性状，提高肥力、地温，促进病残体腐解，减少病菌来源和减少害虫；种植前每亩施腐熟优质有机肥 1 000~1 500 kg，并以 50cm 行距起 10~15cm 高的垄，垄沟用菌灵或敌克松进行土壤消毒，沟施复合肥，每亩用量 30~50kg。

2. 化学防治

软腐病的防治应以预防为主。对已经发病的要及时用药防治，从莲座期开始勤查地块，初发病期每隔 7~10d 喷 1 次药，连喷 2~3 次。用 72% 农用硫酸链霉素可溶性粉剂 3 000 倍液，或 53.8% 氢氧化铜干悬浮剂 1 000 倍液，或 20% 噻菌铜可湿性粉剂 600 倍液，或 5% 菌毒清水剂 300 倍液等，重点喷软腐病株及其周围菜株地表或叶柄，使药液流入菜心，效果更好。发现病株还可以用药液浇灌病株及其周围健株。每亩用 300g 菜丰宁 B1 加水 200~250kg 灌根。

五、辣椒炭疽病

（一）为害症状

果实染病，先出现湿润状、褐色椭圆形或不规则形病斑，稍凹陷，斑面出现明显环纹状的橙红色小粒点，后转变为黑色小点，此为病菌的分生孢子盘。天气潮湿时溢出淡粉红色的粒状黏稠状物，此为病菌的分生孢子团。天气干燥时，病部干缩变薄成纸状且易破裂。叶片染病多发生在老熟叶片上，产生近圆形的褐色病斑，亦产生轮状排列的黑色小粒点，严重时可引致落叶。茎和果梗染病，出现不规则短条形凹陷的褐色病斑，干燥时表皮易破裂。

（二）防治措施

1. 农业防治

（1）种植抗病耐病品种。长丰、铁皮青、苏椒1号、早丰1号、九椒1号、皖椒1号、早杂2号等品种较抗病，各地可因地制宜选用。

（2）选无病果留种或种子消毒。从无病果实采收种子，作为播种材料。如种子有带菌嫌疑，可用55℃温水浸种10min，进行种子处理。或用凉水预浸1～2h，然后用55℃温水浸10min，再放入冷水中冷却后催芽播种。也可先将种子在冷水中浸10～12h，再用1%硫酸铜浸种5min，或50%多菌灵可湿性粉剂500倍液浸1h，捞出后用草木灰或少量石灰中和酸性，再进行播种。

（3）科学轮作。与十字花科、瓜类、豆类蔬菜实行2～3年轮作。

（4）清洁田园。果实采收后，清除田间遗留的病果及病残体，集中烧毁或深埋，并进行1次深耕，将表层带菌土壤翻至深层，促使病菌死亡。可减少初侵染源、控制病害的流行。

2. 化学防治

预防时，从苗期开始用速净30mL兑水15kg喷雾，5～7d 1次。治疗时，用速净50mL＋大蒜油15～20mL兑水15kg喷雾，3～5d 1次，连打2～3次，打住后，转为预防，用药时应该避开阴雨天气，最好是 16 时之后打药，这样的效果会比较明显。

发病初期可喷洒 70%甲基硫菌灵可湿性粉剂 600~800 倍液，或 80%代森锰锌可湿性粉剂 500 倍液，或 75%百菌清可湿性粉剂 800 倍液，或 56%嘧菌·百菌清悬浮剂 800 倍液，或 50%炭疽福美可湿性粉剂 300~400 倍液，或 1∶1∶200 倍的波尔多液，每隔 7~10d 喷 1 次，共防 2~3 次。

发病中前期，可喷洒 56%嘧菌·百菌清悬浮剂 600 倍液，或 80%代森锰锌可湿性粉剂 400 倍液，或 75%百菌清可湿性粉剂 400 倍液，或 65%代森锌可湿性粉剂 300 倍液，或 70%甲基硫菌灵可湿性粉剂 500 倍液，隔 7~10d 1 次，连喷 2~3 次。

六、辣椒疮痂病

（一）为害症状

辣椒疮痂病的病原称黄单孢属细菌。菌体杆状，两端钝圆，具极生单鞭毛，能游动。菌体排列链状，有荚膜，革兰氏阴性，好气。

（二）防治措施

1. 农业防治

（1）合理轮作。露地辣椒可与葱蒜、水稻或大豆实行 2~3 年轮作。

（2）应选用排水良好的沙壤土，移栽前大田应浇足底水，施足底肥，并对地表喷施消毒药剂加新高脂膜对土壤进行消毒处理。

（3）播种前可用 55℃温水加新高脂膜浸种 15min 后移入冷水中冷却，后催芽播种。加强苗期管理，适期定植，促早发根，合理密植，移栽后应喷施新高脂膜，防止地上水分不蒸发，苗体水分不蒸腾，缩短缓苗期，使辣椒苗壮成长。

（4）加强田间管理，应及时深翻土壤，加强松土、浇水、追肥，促进根系发育，提高植株抗病力，并注意氮、磷、钾肥的合理搭配；同时在辣椒生长期喷施辣椒壮蒂灵，提高授粉质量，果蒂增粗，防止落叶、落花、落果，使辣椒着色早、辣味香浓。

2. 化学防治

若发现病株应及时清除并带出集中烧毁，同时应根据植保要求喷施喷农用链霉素 200~250mg/kg 或 20%噻菌铜悬浮剂 500~700 倍液进行防治，隔 7~8d 喷 1 次，连续喷 2~3 次，并喷施新高脂膜增强药效。

七、瓜类白粉病

（一）为害症状

病原物为瓜白粉菌和瓜单囊壳，属子囊菌，白粉菌目。专性寄生，为害葫芦科植物。白粉菌的菌丝体表生，以吸器伸入寄主细胞内吸取营养。瓜白粉菌分生孢子向基型 2 个串生，闭囊壳内多子囊，附属丝菌丝状，长约 300μm。瓜单囊壳分生孢子向基型多个串生，闭囊内单子囊，附属丝无色或仅下部淡褐色。

（二）防治措施

1. 农业防治

（1）选用抗病品种，一般抗霜霉病的品种也抗白粉病。以黄瓜为例，抗霜霉病的品种常兼抗白粉病，津研、大连 8162 号、京旭、唐山秋瓜及津杂系列品种等较抗病。

（2）加强田间管理。注意通风透光，施足底肥及时追肥，合理浇水，防止植株徒长和早衰。清理干净棚内或田间的上茬植株和各种杂草后再定植，以减少白粉病的中间寄主。培育壮苗，适时移栽，合理密植，保证适宜株、行距。菜农之间尽量不要互相"串棚"，避免人为传播。发现病蔓、病瓜要尽早在晨露未消时轻轻摘下，将其装进袋烧掉或深埋。

2. 化学防治

白粉病要以预防为主，在温室中白粉病一旦发生就很难根除，所以防治白粉病要从假植时开始。发病前或发病初期，可喷洒 3 亿 CFU/g 哈茨木霉菌叶部型可湿性粉剂 300 倍液，或 100 亿 PIB/g 枯草芽孢杆菌可湿性粉剂 500 倍液，于发病初期喷雾，每 7~10d 喷 1 次，视病情连续防治 2~3 次。确保喷雾均匀，发病严重时可将以上农药缩短用药间隔期，改为 3~5d 用药 1 次。喷药次数视发病情况而定。

八、黄瓜霜霉病

（一）为害症状

黄瓜霜霉病病菌的孢子囊梗无色，单生或 2~4 根束生，从气孔伸出，上部呈 3~5 次锐角分枝，分枝末端着生一个孢子囊；孢子囊卵形或柠檬形，顶端具乳状突起，单胞，淡褐色。孢子囊可萌发长出芽管，或孢子囊释放出游动孢子，变为圆形休止孢子，萌发芽管，侵入寄主。卵孢子球形，黄色，表面有瘤状突起。

（二）防治措施

1. 农业防治

（1）选用抗病品种。适于露地种植的抗病品种有津杂 3 号、中农 2 号、中农 1101、京旭 2 号、夏青 4 号、鲁春 32 号、龙杂黄 3 号等。

（2）选地势高、排水好的地块，施足底肥，结瓜期追施氮肥，提高植株抗病力，雨季注意排水，防止大水漫灌。

（3）加强管理。注意实行轮作，增施有机肥料，合理肥水，调控平衡营养生长与生殖生长的关系，促进瓜秧健壮；提高黄瓜植株的抗病能力。管理到位，不但黄瓜霜霉病很少发生或不发生，其他病害也会很少发生。

2. 化学防治

黄瓜霜霉病的化学防治应该以预防为主，预防的时期根据温湿度条件而定。一般在阴雨天到来之前及连续阴雨的情况下，进行预防。可采用喷洒保护性药剂或采用烟熏剂等进行预防。烟雾剂以45%的百菌清烟雾剂效果较好。一般每公顷用量3~3.75kg，分放在棚内4~5处，点燃后闷棚熏1夜，次晨通风，5~7d熏1次。

九、豆类锈病

（一）为害症状

豆类锈病均由担子菌亚门、锈菌目、单孢锈菌属的真菌侵染所致。菜豆锈病为疣顶单孢锈菌；豇豆锈病为菜豆单孢锈菌；蚕豆锈病为蚕豆单孢锈菌；豌豆锈病为豌豆单孢锈菌。病菌夏孢子都为单孢，短椭圆形、卵形或球形，黄褐色或淡褐色，表面有细刺；冬孢子为单孢，圆形、短椭圆形或近圆形，栗褐色，表面光滑或仅上部有微刺，顶端有乳头状突起，下端有长柄。

（二）防治措施

1. 农业防治

（1）加强管理。适当调整播期，使始花至采收盛期避开雨季；调整季节种植比例；防止在早植地中植种迟播，并避免早晚植地相邻。合理密植，高畦栽培，配方施肥，搭配好氮、磷、钾肥比例，创造一个不利于锈病发生的外界环境。

（2）种子消毒。用50%多菌灵可湿性粉剂500倍液浸种半小时，洗净后催芽播种。在55℃水中浸种10min，冷却后催芽播种。种子先用冷水预浸5~6h，再移入45℃水中15min，再移入

55℃水中 15min，移入冷水中冷却，再催芽播种。

（3）种子处理。播种前采用温汤浸种法，在 55~60℃温水中浸种 20min，或用药液浸种，用 40%甲醛 150 倍液浸种 30min，然后用清水冲洗干净，催芽待播。还可以进行药剂拌种，以干种子重量的 0.2%~0.3%的敌克松拌种或多菌灵拌种。

（4）清洁田园。用无病菌土壤育苗，生长期及时清除病叶、病豆，收获后清除病残株，深埋或烧毁。

（5）易发病、重病田与非豆类作物实行 3 年以上的轮作。

2. 化学防治

如果田中已经发病，应当在发病初期及时摘除病叶并马上喷药保护，喷洒 50%萎锈灵可湿性粉剂 1 000 倍液，或 25%吡唑醚菊酯乳油 1 500~2 000 倍液，每隔 7~10d 喷 1 次，共喷 2~3 次，在喷药时，叶片的正反面都要喷到，这样才能收到良好的防治效果。

十、芹菜斑枯病

（一）为害症状

大斑型斑枯病菌为真菌半知菌亚门芹菜小壳针孢，小斑型斑枯病为真菌半知菌亚门芹菜大壳针孢。华南地区主要是大斑型，东北、华北则以小斑型为主。主要以菌丝体在种皮内或病残体上越冬，且存活 1 年以上。

（二）防治措施

1. 农业防治

（1）发病初期适当控制浇水，保护地栽培注意增强通风，降低空气湿度。

（2）培育无病壮苗，施足底肥，看苗追肥，增施有机底肥，注意氮、磷、钾肥合理搭配，增强植株抗病力。

（3）收获后彻底清除病株落叶。

（4）选用无病种子或对带病种子进行消毒。从无病株上采种或采用存放 2 年的陈种，如采用新种要进行温汤浸种，用 48～49℃温水加新高脂膜浸种 30min，边浸边搅拌，后移入冷水中冷却，晾干后播种，播种前用新高脂膜喷施种子表面，形成 1 层保护膜，防治病菌侵染，提高发芽率。

（5）加强管理。要注意田间降温排湿工作，切忌大水漫灌，并配合喷施新高脂膜防治气传性病菌侵入；并配合喷施壮茎灵，可使植株秆茎粗壮、植株茂盛，提高芹菜天然品味。

2. 生物防治

预防时，用速净按 500 倍液稀释喷施，7d 用药 1 次。

治疗时，轻微发病时立即用药，速净按 300～500 倍液稀释喷施，5～7d 用药 1 次；病情严重时，按 300 倍液稀释喷施，3d 用药 1 次，喷药次数视病情而定。

3. 化学防治

芹菜斑枯病应以预防为主。苗高 2～3cm 时，应适时喷施药剂，用 75%百菌清湿性粉剂 1 000 倍液并配合喷施新高脂膜 800 倍液增强药效，可以提高药剂有效成分利用率，巩固防治效果。

十一、葱类紫斑病

（一）为害症状

葱紫斑病病原属半知菌香葱链格孢真菌。病菌分生孢子梗淡褐色，单生或 5～10 根束生，具 2～4 个隔膜，不分枝或偶有分枝，其上着生 1 个分生孢子。

（二）防治措施

1. 农业防治

（1）及时清除田间病残体，与非葱类蔬菜实行 1～2 年轮作。

（2）加强田间管理，选择地势高燥、排水良好的地块进行栽培；合理施肥；雨后做好排水工作，使植株生长健壮，增强抗病能力。

（3）及时防治葱蓟马，以免造成伤口。

（4）采取无病田留种或使用无病种苗。进行种子消毒，可用40%甲醛300倍液浸种3h，浸后及时洗净。鳞茎消毒可用45℃左右温水浸泡1.5h。

2. 化学防治

发病初期，可用75%百菌清可湿性粉剂500~600倍液，或80%代森锰锌可湿性粉剂600倍液，或64%杀毒矾可湿性粉剂500倍液，或40%乙膦铝可湿性粉剂1 500倍液，连喷3~4次。在晴天16时以后进行田间喷雾，防效较好。由于葱叶表面光滑，为增加黏着力，可在每50kg药液中加入1.5kg大豆浆或0.1kg合成洗衣粉或适量的植物油。

第二节　虫　害

一、菜粉蝶

（一）为害症状

菜粉蝶主要为害甘蓝、花椰菜、白菜、萝卜等十字花科蔬菜，尤其喜食甘蓝和花椰菜。1~2龄幼虫在叶背啃食叶肉，留下1层薄而透明的表皮，农民叫"天窗"。3龄以上的幼虫食量明显增加，把叶片吃成孔洞或缺刻，严重时吃光叶片，仅剩叶脉和叶柄，影响植株生长发育和包心。

（二）防治措施

1. 农业防治

（1）加强田间管理。及时清除残枝老叶，并深翻土壤，这是压低虫口密度、减少下代虫源的有效措施。尽可能避免十字花科蔬菜连茬。选用早熟品种，加上地膜覆盖，提早春甘蓝、花椰菜定植期，提早收获，就可避开第2代幼虫为害。在板蓝根田内套种甘蓝或花椰菜等十字花科植物，引诱成虫产卵，再集中杀灭幼虫；秋季收获后及时翻耕。

（2）清洁田园。十字花科蔬菜收获后，及时清除田间残株老叶和杂草，减少菜青虫繁殖场所和消灭部分蛹。深耕细耙，减少越冬虫源。

2. 生物防治

（1）注意天敌的自然控制作用，保护广赤眼蜂、微红绒茧蜂、凤蝶金小蜂等天敌。

（2）在绒茧蜂发生盛期用每克含活孢子数100亿以上的青虫菌，或16 000 IU/mg苏云金杆菌可湿性粉剂800倍液喷雾，可使菜青虫感染而死亡。

3. 化学防治

低龄幼虫发生初期，喷洒苏云金杆菌800~1 000倍液，或每亩用菜青虫颗粒体病毒20幼虫单位，对菜青虫有良好的防治效果，喷药时间最好在傍晚。

幼虫发生盛期，可选用20%灭幼脲悬浮剂800倍液，或10%高效氯氰菊酯乳油1 500倍液等喷雾2~3次。

二、小菜蛾

（一）为害症状

初龄幼虫仅取食叶肉，留下表皮，在菜叶上形成一个个透明的斑，俗称"开天窗"，3~4龄幼虫可将菜叶食成孔洞和缺刻，严重时全叶被吃成网状。2龄后便隐藏在叶背为害，造成菜叶缺刻；在苗期常集中心叶为害，影响包心。在留种株上，为害嫩茎、幼荚和籽粒。

（二）防治措施

1. 农业防治

（1）做好栽培管理，提高蔬菜抗逆力，破坏小菜蛾成虫蜜源。选择抗、耐虫品种，如台湾夏光甘蓝、京丰1号甘蓝、台湾台丰西蓝花、马拉松西蓝花、台湾庆农松花、丰田松花、漳州竹芥菜、天津苤菜、韩国春白玉萝卜等；合理施肥，重施有机肥，控制氮肥，增施磷、钾肥，提高蔬菜抗逆力；及时清理菜地杂草，破坏小菜蛾成虫食物来源。

（2）避开发生高峰期种植，减少虫害。提早或推迟种植，使易受虫害的苗期避开小菜蛾为害高峰期。如3—4月、11—12月，田间种植葱、蒜和瓜类，没有十字花科蔬菜，收获后再种植十字花科蔬菜，基本就不会出现小菜蛾为害。

（3）实行轮作间作，破坏小菜蛾食物链。实行十字花科蔬菜与瓜、茄果、葱蒜等类蔬菜轮作技术，同时几种不同类的蔬菜又进行间作套种。可用甘蓝、芹菜、白菜、青葱、大蒜、韭菜、番茄、辣椒等多种蔬菜间作套种，轮作间作片的十字花科蔬菜只需苗期防治小菜蛾，中后期一般不必防治。

2. 生物防治

采用细菌杀虫剂进行有效防治，16 000IU/mg 苏云金杆菌可湿性粉剂600倍液可使小菜蛾幼虫感病致死。

3. 化学防治

科学使用农药，避免产生抗药性。农民朋友由于对农药使用过于单一，用量大，导致小菜蛾抗药性急剧增强。如在福建某些地区，小菜蛾已对阿维菌素产生较强的抗性，应避免或减少使用。可用菊酯类与有机磷或氨基甲酸酯类农药混用，如20%氰戊菊酯乳油和50%辛硫磷乳油按3∶1混配使用，4.5%高效氯氰菊

酯乳油和2%杀灭威乳油按1:1混配使用，可提高防效且成本大幅度降低。

三、温室白粉虱

（一）为害症状

白粉虱成虫和若虫吸食植物汁液，被害叶片褪绿、变黄、萎蔫，甚至全株枯死。此外，由于其繁殖力强，繁殖速度快，种群数量庞大，群聚为害，并分泌大量蜜液，严重污染叶片和果实，往往引起煤污病的大发生，使蔬菜失去商品价值。

（二）防治措施

1. 农业防治

（1）培育"无虫苗"。育苗时把苗床和生产温室分开，育苗前苗房进行熏蒸消毒，消灭残余虫口；清除杂草、残株，通风口增设尼龙纱或防虫网等，以防外来虫源侵入。

（2）合理种植，避免混栽。避免黄瓜、番茄、菜豆等白粉虱喜食的蔬菜混栽，提倡第1茬种植芹菜、甜椒、油菜等白粉虱不喜食、为害较轻的蔬菜。2茬再种黄瓜、番茄。

（3）加强栽培管理。结合整枝打杈，摘除老叶并烧毁或深埋，可减少虫口数量。

（4）温室、大棚附近避免栽植黄瓜、番茄、茄子、菜豆等粉虱发生严重的蔬菜。提倡种植白粉虱不喜食的十字花科蔬菜，以减少虫源。

2. 生物防治

采用人工释放丽蚜小蜂、中华草蛉和轮枝菌等天敌，可防治白粉虱。可人工繁殖释放丽蚜小蜂，在温室第2茬番茄上，当粉虱成虫在0.5头/株以下时，每隔两周放1次，共3次释放丽蚜小蜂成蜂15头/株，寄生蜂可在温室内建立种群并能有效地控制白粉虱为害。

3. 化学防治

由于白粉虱世代重叠，在同一时间同一作物上存在各虫态，而当前药剂没有对所有虫态皆有效的种类，所以采用化学防治法，必须连续几次用药。如喷洒 25% 噻嗪酮可湿性粉剂 1 000~1 500 倍液，对白粉虱特效；喷洒 25% 灭螨猛乳油 1 000 倍液对白粉虱成虫、卵和若虫皆有效；喷洒 20% 咪蚜胺浓可溶剂 4 000 倍液或 10% 吡虫啉可湿性粉剂 2 000 倍液，持效期较长；喷洒 2.5% 联苯菊酯乳油 3 000 倍液，可杀成虫、若虫、假蛹，对卵的效果不明显。

四、菜蝽

（一）为害症状

菜蝽以成虫、若虫刺吸植物汁液，尤喜刺吸嫩芽、嫩茎、嫩叶、花蕾和幼荚。其唾液对植物组织有破坏作用，影响生长，被刺处留下黄白色至微黑色斑点。幼苗子叶期受害则萎蔫甚至枯死；花期受害则不能结荚或籽粒不饱满。此外，还可传播软腐病。

（二）防治措施

1. 农业防治

（1）加强田间管理。适当疏植，增加田间通透性；收获后及时清洁田园，把残体集中深埋、沤肥或烧毁；收获后及时深翻整地，并清除田间枯枝落叶，铲除地间以及周边杂草，减少越冬虫源。

（2）根据成虫的产卵习性，可人工摘除卵块。

2. 化学防治

掌握在若虫 3 龄前及时防治，喷洒 90% 晶体敌百虫 1 000 倍液，或40%乙酰甲胺磷乳油1 000倍液，或20%氰戊·马拉松乳油2 000倍液，或50%辛·氰乳油3 000倍液，或20%氯氰菊酯乳油2 000倍液，或20%氰戊菊酯乳油2 000倍液，或2.5%三氟氯氰菊酯乳油2 000倍液，或20%甲氰菊酯乳油2 000~2 500倍液等，每隔7~10d喷1次，连续防治2~3次，连续施用，均有较好效果。

五、菜螟

（一）为害症状

菜螟以初龄幼虫蛀食幼苗大菜螟心叶，吐丝结网，轻则影响菜苗生长，重者可致幼苗枯死，造成缺苗断垄；高龄幼虫除啃食心叶外，还可蛀食茎髓和根部，并可传播细菌软腐病，引致菜株腐烂死亡。3龄幼虫还可以向下钻蛀茎髓，形成隧道，甚至钻食根部，造成根部腐烂。萝卜播种期越早，受害越严重。幼虫是钻蛀性害虫，为害蔬菜幼苗期心叶和叶片。初孵幼虫潜叶为害，隧道宽短；2龄后穿出叶面；3龄吐丝缀合心叶，在内取食；4~5龄可由心叶或叶柄蛀入茎髓或根部，蛀孔显著，孔外缀有细丝，并有排出的潮湿粪便，受害苗枯死或叶柄腐烂。

（二）防治措施

1. 农业防治

（1）清洁田园。收获后及时清除田间残株老叶，并深翻土地，消灭越冬蛹，减少田间虫口密度。

（2）田间管理。及时灌水，提高田间湿度，可使幼虫大量死亡，减少虫口密度。

（3）避免连作。尽量避免十字花科蔬菜连作，中断害虫的食物供给时间。

（4）因地制宜调节播期。在菜螟常年严重发生为害的地区，应按当地菜螟幼虫孵化规律适当调节播期，使最易受害的幼苗2~4叶期与低龄幼虫盛见期错开，以减轻为害。如大白菜、萝卜等在不影响质量前提下秋季适当迟播，可减轻为害。

（5）结合管理，人工捕杀。在间苗、定苗时，如发现菜心被丝缠住，即随手捕杀之。

2. 生物防治

注意天敌的自然控制作用，保护广赤眼蜂、微红绒茧蜂、凤蝶金小蜂等天敌。

3. 化学防治

低龄幼虫发生初期，喷洒苏云金杆菌800~1 000倍液，或每亩用菜青虫颗粒体病毒20幼虫单位，对菜螟有良好的防治效果，喷药时间最好在傍晚。

第十一章　农药的应用技术

第一节　使用生物农药

生物农药是指使用细菌、真菌、病毒等活的生物体来预防、消灭或者控制为害农林生产一种或几种有害生物的药剂。它具有对人畜安全、无农药残留、不产生抗药性、不污染环境等优点，被人们广泛应用于无公害农产品生产中。现将其使用技术介绍如下。

一、科学保管

生物农药是活体制剂，必须保存于闭光、低温、通风、干燥的地方。不能和杀菌剂、抗病毒剂及碱性物质混合存放，否则易使活的生物体死亡，降低药效。

二、看天用药

温度、湿度、光照等气象条件影响生物农药的活性，气温在10~27℃，随气温升高害虫取食量和吸收量增加；细菌芽孢或病毒进入害虫体内后繁殖快、毒性大，促使害虫更快致病死亡。温度高于30℃，低于10℃及干燥、强光条件下，应用效果较差。因此，生物农药在5—9月的阴天或晴天下午应用，效果较好。

三、对症用药

病虫草害种类繁多，生物农药应用范围相对较窄，具有严格的选择性。如春雷霉素只防治稻瘟病，鲁保一号仅防除菟丝子。因此，应根据当地当时发生的主要病虫草害，对症选准用药。

四、适当提前用药

生物农药使用后有一个繁殖排毒过程，防效比化学农药稍慢。应加强病虫预报，比化学农药提前 3～5d 使用。杀虫剂在卵孵化期至幼虫 2 龄前；杀菌剂在发病初期、病叶率 5% 时喷施，效果较好。

五、浓度适宜，科学间隔

液浓度低，防效差；浓度高则易造成浪费或药害。只有适时施用适宜浓度的菌剂才能保证防效。如细菌性杀虫剂一般每 1 000 m² 用活孢子数在 100 亿个/g 的菌粉 2.2～2.5kg，虫口量大，世代重叠，虫龄不齐，单位面积一次用药量大，间隔期短。苏云金杆菌防治小菜蛾、大菜粉蝶间隔 10～15d，防治三化螟间隔 5～6d。

六、喷洒均匀

生物农药一般以胃毒为主，均匀喷施可提高防效。粉剂使用前称取所用药量加入少量水搅成糊状，乳剂使用前要充分摇匀，根据用药量兑入所需水量搅匀即可。在溶液中加入 0.1% 的合成洗衣粉、皂角或茶籽粉（相当于黏着剂）可提高喷洒效果。

七、合理混用

生物农药杀虫防病针对性强，农药混配可扩大应用范围，提高工作效率，特别是在暴食性害虫成灾时，十分必要。但不宜和碱性农药、内吸性有机磷杀虫剂混配，禁止和杀菌剂、抗病毒剂混用。在配方混用时，随配随用，不可久放。

第二节　农药减量控害增效

近些年，农药减量控害增效技术在农业生产中得到了广泛使用，这是一种操作简单且安全环保的病虫害防治技术。具体应用过程中坚持预防为主、防治结合的基本策略，通过有效融合化学防治与物理防治技术，最大限度地降低农业生产中农药的使用量，确保农业生态环境的安全。

一、农药减量控害增效技术的作用

在农业生产中普遍存在长期使用不同类别农药治理病虫害的问题，但这种生产方式已经不适合现代农业生产的需求。因为长期过量使用农药会造成病虫害抗药性增强，而且化学农药直接对耕地环境与土壤结构产生破坏。而通过引入农药减量控害增效技术，可以在保护耕地环境的基础上提高病虫害防治效果，减少农药使用量。同时还能有效抑制产生害虫抗药性问题，促进作物产量与质量的提升，推动农业经济快速发展，满足可持续发展的需求。采用农药减量控害增效技术，打破农作物产量受到农药用量的影响，进一步降低农药对耕地生态环境的影响，是现代农业发展的必然，意味着农业生产的进步。

二、农药使用存在的问题

（一）农药减量措施实行规模较低

在建设农药减量应用基地的过程中，存在农业经营主体总量减少、生产规模偏小的情况，导致农业产业社会化分工不明确，整个组织生产不够专业。其中，在农业经营过程中对农业生产提供的社会服务非常不到位，导致农业生产过程中存在严重的高毒性农药残留问题。另外，在农业生产过程中，对于农作物病虫害的综合系统性防治不够重视，导致绿色防控技术没有得到大面积的推广。

（二）农药利用率相对较低

城镇化水平的不断提高，使得农村的青壮年劳动力快速流失，导致农业生产力严重下降。在科技兴农的背景下，农村中有文化、懂技术的年轻人越来越少，在很大程度上限制了我国农业生产水平的提高。在家务农的多为老人、妇女，他们普遍文化水平偏低，难以做到科学、合理、准确地使用农药，导致农产品质量存在一定的安全隐患，严重时还会导致生态环境遭到严重污染。

（三）农药存留量非常大

由于农业生产中对耕地的使用率较高，导致使用农药进行病虫害防治频率较高，残留农药长期积累后数量不断增加，导致农产品中农药的残留现象非常严重。

三、农药减量控害增效技术

（一）农药减量应用策略

1. 安全使用农药

不同农药含有的化学物质不同，会影响农药的使用间隔期。因此，在使用农药之前要了解其浓度、使用期限与用量、使用安全距离、最大用量，实现科学配药，正确使用农药。例如，虫害没有出现前，可以提前喷洒一定浓度的农药进行预防；幼虫出现时及时喷洒一定浓度的农药杀死幼虫，最大限度地降低农药使用量并达成预防目的。

2. 推广新型农药

传统农药大多具有较强毒性且效果有限，直接危害耕地环境，过量使用容易出现反作用造成减产。目前，我国已经研发出新型环保型农药，这类农药具有毒性低、效果强等特点，使用时只需少量用药即可有效控制病虫为害，同时不会对耕地环境产生太大危害，可以满足现代农业发展的需求，推动生态农业发展。

（二）物理防治措施

常用的物理防治措施就是诱捕，技术原理就是基于害虫特性，选择合适的手段对虫害进行治理。大量试验表明，诱捕在处理作物病虫害方面效果显著，且治理效率高、周期短，具有大范围推广应用的价值。具体而言，根据害虫的环境适应性，如常见的趋光性、趋湿性等特点，在不影响生态环境的基础上控制与治理虫害，满足现代农业生产的需求。

除诱捕以外，还有很多与其相似的技术措施，在实际生产中有着一定范围的应用，如紫外线杀虫等技术，这些技术原理与诱捕相似，对于生态环境危害性不大，也是当前生态农业发展过程中所需的技术，具有实际推广价值。

四、生物防治措施

生物防治措施与物理防治措施的原理有很大区别，生物防治措施通过运用特定生物产生的物质或者分泌物对害虫进行防治。生物防治措施包括以虫治虫、以分泌物治虫、以细菌治虫等，这些方法对于环境会起到保护作用，其中有的还可以为农民带来额外的收益，一举两得。

除以虫治虫、以分泌物治虫、以细菌治虫外，生物防治措施还有很多种，如在稻田里养青蛙，青蛙可以吃害虫，对水稻没有负面影响，青蛙粪便还能作为水稻的肥料，增加水稻的产量。因此，生物防治措施的推广与应用对于生态农业的发展起到了推波助澜的作用。但是，注意不要过度使用生物防治措施，一旦打破生态平衡，就会对农业生态环境带来不利影响。

第十二章　植保机械

第一节　植保机械的分类

通常按施药方法、动力配备和移动方式等对植保机械进行分类。

一、按施药方法分类

分为喷雾机、弥雾机、超低量喷雾机、喷烟机、喷粉机、搅拌机、灯光诱杀器等类型。

喷雾机是利用液泵使药液产生一定压力，通过喷头、喷枪形成雾滴喷洒出去，雾滴直径为 $150\sim300\mu m$。

弥雾机利用高速气流将药液吹散出去，与空气撞击成雾，雾滴直径为 $100\sim150\mu m$。

超低量喷雾机使用油剂高浓度药液，利用机械离心力的作用，将药液击散为雾滴，随风飘移到作物表面上。雾滴直径为 $15\sim100\mu m$。

喷烟机利用高温使烟剂化为烟雾，悬浮于空中，弥散到农作物的各个部位，雾滴直径小于 $50\mu m$。

喷粉机利用风机产生的高速气流喷撒粉剂。

搅拌机将药剂与种子一起装入搅拌器内，摇转搅拌机具，使种子外面包上一层药膜，防治种子的传染病及地下害虫。

灯光诱杀器具是利用黑光引诱趋光性的害虫，以集中捕杀。

二、按动力配备分类

分为人力植保机械、机动植保机械和电动植保机械。

人力植保机械以人力驱动进行工作，如手动喷雾器、手摇喷粉器、踏板式喷雾器等。

机动植保机械以机械动力驱动进行工作，如机动喷雾喷粉机、担架式机动喷雾机、吊杆喷雾机等。其配套动力有汽油机、柴油机和拖拉机等。

电动植保机械一般以干电池为动力，如手持式超低量喷雾器。

三、按移动方式分类

人力植保机械分为背负式、胸挂式、肩挂式、手持式等；小型机动植保机械分为背负式、手提式、担架式等；大型机动植保机械分为牵引式、悬挂式、自走式等。

此外，对于喷雾机械来说，还可以按对药液的加压方式、机具结构特点、施药量多少或雾化方式分类。如压缩喷雾器、单管喷雾器、常量喷雾机、离心喷雾机等。

第二节　植保机械的农业技术要求及安全使用

一、背负式机动喷雾喷粉机

背负式机动喷雾喷粉机是指由汽油机作动力，配有离心风机的采用气压输液、气力喷雾、气流输粉原理的植保机具，它具有轻便、灵活、高效率等特点。

（一）施药前的准备工作

1. 施药的气象条件

作业时气温应在 5~30℃。风速大于 2m/s 及雨天、大雾或露水多时不得施药。大田作物进行超低量喷雾时，不能在晴天中午有上升气流时进行。

2. 机具的调整

（1）检查各部件安装是否正确、牢固。

（2）新机具或维修后的机具，首先要排除缸体内封存的机油。

排除方法：卸下火花塞，用左手拇指堵住火花塞孔，然后用启动绳拉几次，迫使气缸内机油从火花塞孔喷出，用干净布揩干火花塞孔腔及火花塞电极部分的机油。

（3）新机具或维修后更换过汽缸垫、活塞环及曲柄连杆总成的发动机，使用前应当进行磨合。磨合后用汽油对发动机进行一次全面清洗。

（4）检查压缩比。用手转动启动轮，活塞靠近上死点时有一定的压力；越过上死点时，曲轴能很快地自动转过一个角度。

（5）检查火花塞跳火情况。将高压线端距曲轴箱体 3~5mm，再用手转动启动轮，检查有无火花出现，一般蓝火花为正常。

（6）汽油机转速的调整。机具经拆装或维修后，需重新调整汽油机转速。

油门为硬连接的汽油机：启动背负机，低速运转 2~3min，逐渐提升油门操纵杆至上限位置。若转速过高，旋松油门拉杆上的螺母，拧紧拉杆下面的螺母；若转速过低，则反向调整。

油门为软连接的汽油机：当油门操纵杆置于调量壳上端位置，汽油机仍达不到标定转速或超过标定转速时，应松开锁紧螺母，向下（或向上）旋调整螺母，则转速下降（或上升）。调整完毕，拧紧锁紧螺母。

（二）施药中的技术规范

1. 低容量喷雾作业的技术规范

喷雾机作低容量喷雾，宜采用针对性喷雾和飘移喷雾相结合的方式施药。总的来说是对着作物喷，但不可近距离对着某株作物喷雾，具体操作过程如下。

（1）机器启动前药液开关应停在半闭位置。调整油门开关使汽油机高速稳定运转，开启手把开关后，人立即按预定速度和路线前进，严禁停留在一处喷洒，以防引起药害。

（2）行走路线的确定。喷药时行走要均匀，不能忽快忽慢，防止重喷漏喷。行走路线根据风向而定，走向应与垂直或成不小于45°的夹角，操作者应在上风向，喷射部件应在下风向。

（3）喷施时应采用侧向喷洒，即喷药人员背机前进时，手提喷管向一侧喷洒，一个喷幅接一个喷幅，向上风方向移动，使喷幅之间相连接区段的雾滴沉积有一定程度的重叠。操作时还应将喷口稍微向上仰起，并离开作物 20～30cm 高，2m 左右远。

（4）当喷完第一喷幅时，先关闭药液开关，减小油门，向上风向移动，行至第二喷幅时再加大油门，打开药液开关继续喷药。

（5）防治棉花伏蚜，应根据棉花长势、结构，分别采取隔二行喷三行或隔三行喷四行的方式喷洒。一般在棉株高 0.7m 以下时采用隔三喷四，高于 0.7m 时采用隔二喷三，这样有效喷幅为 2.1~2.8m。喷洒时把弯管向下，对着棉株中上部喷，借助风机产生的风力把棉叶吹翻，以提高防治叶背面蚜虫的效果。走一步就左右摆动喷管 1 次，使喷出的雾滴呈多次扇形累积沉积，提高雾滴覆盖均匀度。

（6）对灌木林丛，如对低矮的茶树喷药，可把喷管的弯管口朝下，防止雾滴向上飞散。

（7）对较高的果树和其他林木喷药，可把弯管口朝上，使喷管与地保持 60°~70° 的夹角，利用田间有上升气流时喷洒。

（8）喷雾时雾滴直径为 125μm，不易观察到雾滴，一般情况下，作物枝叶只要被喷管吹动，就已经喷雾到位。

（9）调整施液量。除用行进速度来调节外，转动药液开关角度或选用不同的喷量挡位也可调节喷量大小。

2. 喷粉作业的技术规范

（1）按使用说明书的要求启动背负机。

（2）粉剂应干燥，不得有杂草、杂物和结块。

（3）背负机背上后，调整油门使汽油机高速稳定运转。

（4）打开粉门操作手柄进行喷粉，喷粉时注意调节粉门开度控制喷粉量。

（5）大田喷粉时，走向最好与风向垂直，喷粉方向与风向一致或稍有夹角，并保持喷粉头处于人体下风侧。应从下风向开始喷。

（6）在林区喷粉时注意利用地形和风向，晚间利用作物表面露水进行喷粉较好。但要防止喷粉口接触露水。

（7）保护地温室喷粉时可采用退行对空喷撒法，当粉剂粒度很细时（小于 5μm），可站在棚室门口向里、向上喷洒。

（8）使用长薄膜管喷粉时，薄膜管上的小孔应向下或稍向后倾斜，薄膜管离地 1m 左右。操作时需两人平行前进，保持速度一致并保持薄膜管有一定的紧度。前进中应随时抖动薄膜管。

（9）作物苗期不宜采用喷粉法。

3. 超低量喷雾作业的技术规范

（1）按使用说明书的要求起动背负机。

（2）严格按要求的喷量、喷幅和行走速度操作。

在决定了每亩施药液量后，为保证药效，要调整好喷量、有效喷幅和步行速度三者之间的关系。其中有效喷幅与药效关系最密切，一般来说，有效喷幅小，喷出来的雾滴重叠累积比较多，分布比较均匀，药效更有保证。有效喷幅的大小要考虑风速的限制，还要考虑害虫的习性和作物的结构状态。对钻蛀性害虫，要求雾滴分布越均匀越好，也就是要求有效喷幅窄一些好。例如，防治棉铃虫，要使平展的棉叶上降落雾滴多而均匀，应要求风小一些，有效喷幅窄一些，多采取 8~10m 喷幅。对活动性强的咀嚼口器害虫如蝗虫等，就可在风速许可范围内尽可能加宽有效喷幅（表 12-1）。

表 12-1 背负式机动喷雾器进行超低量喷雾参数

风速（m/s）	有效喷幅（m）	备注
0.5~1.0	8~10	1 级风
1.0~2.0	10~15	1~2 级风
2.0~4.0	15~20	2~3 级风

（3）对大田作物喷药时，操作者手持喷管向下风侧喷雾，弯管向下，使喷头保持水平或有 5°~15° 仰角（仰角大小根据风速而定：风速大，仰角小些或呈水平；风速小，仰角大些），喷头离作物顶端高出 0.5m。

（4）行走路线根据风向而定，走向最好与风向垂直，喷向与风向一致或稍有夹角，从下风向的第一个喷幅的一端开始喷洒。

（5）第一喷幅喷完时，立即关闭手把开关，降低油门，汽油机低速运转。人向上风方向行走，当快到第二喷幅时，加大油门，使汽油机达到额定转速。到第二喷幅处，将喷头调转 180°，仍指向下风方向，打开开关后立即向前行走喷洒。

（6）停机时，先关闭药液开关，再关小油门，让机器低速运转3~5min再关闭油门。切忌突然停机。

（7）高毒农药不能作超低量喷雾。

(三) 施药后的技术规范

（1）喷雾机每天使用结束后，应倒出箱内残余药液或粉剂。

（2）清除机器各处的灰尘、油污、药迹，并用清水清洗药箱和其他与药剂接触的塑料件、橡胶件。

（3）喷粉时，每天要清洗化油器和空气滤清器。

（4）长薄膜管内不得存粉，拆卸之前空机运转1~2min，将长薄膜管内的残粉吹净。

（5）检查各螺丝、螺母有无松动，工具是否齐全。

（6）保养后的背负机应放在干燥通风的室内，切勿靠近火源，避免与农药等腐蚀性物质放在一起。长期保存时还要按汽油机使用说明书的要求保养汽油机。

二、喷杆式喷雾机

喷杆式喷雾机指由拖拉机驱动并装有喷杆的液力式喷雾机。该类机具生产率高、喷洒质量好，是一种比较理想的大田作物用植保机具。广泛用于大豆、小麦、玉米和棉花等农作物的播前、苗前土壤处理、作物生长前期除草及病虫害防治。

(一) 施药前准备工作

1. 施药的气象条件

（1）喷除草剂风速应低于2m/s；喷杀虫剂、杀菌剂风速应低于4m/s；风速大于4m/s时不得进行施药作业。

（2）喷洒作业时气温应低于30℃，以防药液蒸发造成人身中毒和环境污染。

（3）晴天应在早、晚时间喷雾，阴天可全天喷雾，避免在降雨时进行喷洒作业，以保证良好的防效。

2. 机具选配

（1）根据不同作物、不同生长期选择适用机型，见表12-2。

表12-2　不同作物不同生长期的适用机型

机型	适用作物	生长期
横喷杆式	小麦、棉花、大豆、玉米等旱田作物	播前、播后苗前的全面喷雾，作物生长前期的除草及病虫害防治
吊杆式	棉花、玉米等	作物生长中后期的病虫害防治
气流辅助式	棉花、玉米、小麦、大豆等旱田作物	作物生长中后期的病虫害防治、生物调节剂的喷洒等

（2）作物中后期喷雾应配高地隙拖拉机。

（3）喷幅大于10m（含10m）的喷杆喷雾机应带有仿形平衡机构。

（4）喷除草剂的喷头应配有防滴阀。

3. 机具准备与调整

（1）喷杆式喷雾机与拖拉机的连接应安全可靠，所有连接点应有安全销。悬挂式喷雾机与拖拉机连接后，应调节上拉杆长度，使喷雾机在工作时雾流处于垂直状态；牵引式喷雾机与拖拉机连接前应调节牵引杆长度，以保证机组转弯时不会损坏机具。

（2）喷头的选用和安装。横喷杆式喷雾机喷洒除草剂作土壤处理时，应选用110系列狭缝式刚玉瓷喷头。喷头的安装应使其狭缝与喷杆倾斜5°~10°；喷杆上喷头间距为0.5m。进行苗带喷雾时，应选用60系列狭缝式刚玉瓷喷头。喷头安装间距和作业时离地高度可按作物行距和高度来决定。

4. 喷头流量校核

由于喷头磨损、制造误差等原因，会导致喷量不一致。因此，施药前应对每个喷头进行喷量测定和校核。测定时，药箱装清水，喷雾机以工作状况喷雾，待雾状稳定后，用量杯或其他容器在每个喷头处接水 1min，重复 3 次，测出每个喷头的喷量。如喷量误差超过 5%，应调换喷头后再测，直到所有喷头喷量误差小于 5% 为止。

（二）施药中技术规范

（1）有自动加水功能的机具应先在药箱中加少量清水，再按使用说明书要求启动机器加水，与此同时将农药按一定比例倒入药箱（无自动加水功能的机具应先加水再加农药）。对于乳油和可湿性粉剂一类的农药，应事先在小容器内加水混合成乳剂或糊状物，然后倒入药箱。

（2）启动前，将液泵调压手柄按顺时针方向调至卸压位置，然后逐渐加大拖拉机油门至液泵额定转速，再将液泵调压手柄按逆时针方向报至加压位置，将泵压调至额定工作压力，打开截止阀开始工作。

（3）横喷杆式喷雾机和气流辅助式喷杆喷雾机喷除草剂，作土壤处理时，喷头离地高度为 0.5m。喷杀虫剂、杀菌剂和生长调节剂时，喷头离作物高度 0.3m。

（4）作业时驾驶员必须保持机具的速度和方向，不能忽快忽慢或偏离行走路线。一旦发现喷头堵塞、泄漏或其他故障应及时停机排除。

（5）无划行器的喷杆喷雾机喷除草剂时，应在田间设立喷幅标志。以免重喷或漏喷。

（6）停机时，应先将液泵调压手柄按顺时针方向推至卸压位置，然后关闭截止阀停机。

（7）田间转移时，应将喷杆收拢并固定好。切断输出轴动力。行进速度不宜太快，以免颠坏机具。悬挂式机具行进速度应

≤12km/h；牵引式机具行进速度应≤20km/h。

（三）施药后技术规范

（1）每班次作业后，应在田间用清水仔细清洗药箱、过滤器、喷头、液泵、管路等部件。清洗方法：药箱中加入少量清水，启动机具并喷完，反复1~2次。

（2）下一个班次如更换药剂或作物，应注意两种药剂是否会产生化学反应而影响药效或对另一种作物产生伤害。此时，可用浓碱水反复清洗多次（也可用大量清水冲洗后再用0.2%苏打水或0.1%活性炭悬浮液浸泡后），再用清水冲洗。

（3）泵的保养按使用说明书的要求进行。

（4）当防治季节过后，机具需长期存放时，应彻底消洗机具并严格清除泵内及管道内的积水，防止冬季冻坏机件。

（5）拆下喷头清洗干净并用专用工具保存好，同时将喷杆上的喷头座孔封好，以防杂物、小虫进入。

（6）牵引式喷杆喷雾机应将轮胎充足气，并用垫木将轮子架空。

（7）将机具放在干燥通风机库内，避免露天存放或与农药、酸、碱等腐蚀性物质放在一起。

三、喷射式机动喷雾机

喷射式机动喷雾机是指出发动机带动液泵产生高压，用喷枪进行宽幅远射程喷雾的机动喷雾机。喷射式机动喷雾机具有工作压力高、喷雾幅宽、工作效率高、劳动强度低等优点，是一种主要用于水稻大、中、小不同田块病虫害防治的机具，也可用于供水方便的大田作物、果园和园林病虫害的防治。

（一）施药前的准备工作

1. 施药的气象条件

喷洒作业时风速应低于2.2m/s，以避免飘移污染。

气温应低于32℃，以防药液蒸发造成人身中毒和环境污染。

晴天应在早晨、傍晚时间喷雾，阴天可全天喷雾，应避免在降雨时喷雾，以保证良好防效。

2. 机具的选用

（1）根据不同作物、不同种植规模确定适用机型，见表12-3。

（2）水稻、小麦、棉花、蔬菜等大面积低矮作物，选用宽幅远射程组合喷枪，沿射程均匀喷雾；果树、园林选用远射程喷枪或可调喷枪，中下部采用近雾喷洒，树冠采用高射喷洒。

（3）对于水稻和邻近水源的高大作物、树木，可使用混药器，自动混药喷洒；离水源较远且施药量较少的作物，可不安装混药器。

表 12-3　不同作物不同种植规模的适用机型

机型	适用规模
便携式	适用于分散小田块，南方丘陵水稻梯田等，田块宽度小于10m
担架式	适用于一般成片水、旱田、果园菜地等，田块宽10~20m
车载式	适用于具有一定种植规模条田化的大片水、旱田，田宽20~40m

（4）在田间吸水时，选用吸水滤网上有插杆的吸水部件；自药箱吸水时，选用不带插杆的吸水部件。

3. 机具调整

（1）检查机具安装是否正确，动力皮带轮和液泵皮带轮要对齐，螺栓紧固，皮带松紧适度，皮带轮运转灵活，并安装好防护罩，调整机具至符合作业状态。

（2）按照说明书中的规定给液泵曲轴箱加入润滑油至规定

油位，便携式、拉架式喷雾机还要检查汽油机或柴油机的油位，若不足则按照说明书规定牌号补充。

（3）检查吸水滤网。滤网必须沉没于水中；在稻田使用时，将吸水滤网插入田边的浅水层（不少于5cm深）里，滤网底的圆弧部分沉入泥土，让水顺利通过滤网吸入水泵。田边有水渠供水时，则将吸水滤网放入深水中即可。在旱田、果园使用时，可将吸水滤网底部的插杆卸掉，将吸水滤网放在药箱里。

（4）启动前将调压阀的调压轮按逆时针方向调节到较低的压力位置，再把调压手柄置于卸压位置。

（5）启动发动机进行试运转。低速运转10～15min，若见有水喷出，并无异常声音，可逐渐提速至泵的额定转速。然后将调压手柄置于加压位置，按顺时针方向慢慢旋转调压轮加压，至压力指示器指示到额定工作压力为止；用清水进行试喷，观察各接头处有无泄漏现象，喷雾状况是否良好。

（6）车载式喷雾机与拖拉机的连接应安全可靠，所有连接点应有安全销。车载悬挂式喷雾机与拖拉机连接后，应调节上拉杆长度，使喷雾机在工作时处于垂直状态；车载牵引式喷雾机与拖拉机连接前应调节牵引杆长度，以保证机组转弯时不会损坏机具。

（7）使用混药器喷药前，应先用清水试喷，将混药器调节至正常工作状态，然后根据所需施药量和农药配比，计算确定母液稀释倍数，将符合母液稀释倍数的农药与水放入母液桶内充分混合、稀释完全。对于粉剂，母液的稀释倍数不能大于1∶4（即1kg粉剂农药的加水量须大于4kg）。

（二）施药中的技术规范

（1）启动发动机，调节泵的转速、工作压力至额定工况。

（2）操作人员手持喷枪根据已定作业参数喷雾，手与喷枪出口距离应在 10cm 以上，以免接触农药。

（3）喷药时喷枪的操作应保证喷洒均匀、不漏喷、不重喷，喷射雾流面与作物顶面应保持一定距离，一般高 0.5m 左右，喷枪应与水平面保持 5°～15°仰角，不可直接对准作物喷射，以免损伤作物。向上喷射高树时，操作人员应站在树冠外，向上斜喷。

（4）喷药时操作人员拉喷雾软管沿田埂移动，避免损伤作物。

（5）当喷枪停止喷雾时，必须在液泵压力降低后（可用调压手柄卸压），才可关闭截止阀，以免损坏机具。

（6）作业时应经常察看雾形是否正常，如有异常现象，应立即停机，排除故障后再作业。

（7）使用混药器时，应待机具达到额定工况后，再将混药器的吸药头插入已稀释的母液桶中，当一次喷洒完成后立即将吸药头取出，避免药液损失。

（8）注意使用中液泵不能脱水运转，以免造成喷雾不均匀或漏喷。

（9）机具转移作业地点时应停机，将喷雾胶管盘卷在卷管机上，按不同机型的转移方式进行转移。

（10）当液泵为活塞泵、活塞隔膜泵且转移距离不长时（时间不超过 15min）可不停机转移，操作方法如下。

①降低发动机转速，怠速运转。

②把调压阀的调压手柄置于卸压位置，关闭截止阀，然后将吸水滤网从水中取出。这样有少量液体在泵体内循环，不致损坏液泵。

③尽快转移机具，将吸水滤网没入水中。

④开通截止阀，将调压手柄置于加压位置，把发动机转速调至额定速度。

（三）施药后的技术规范

（1）作业完成后，应在使用压力下用清水继续喷射 2～5min，清洗液泵和胶管内的残留药液，防止残留药液腐蚀机件。

（2）卸下吸水滤网和喷雾胶管，打开出水开关，卸去泵的工作压力，用手旋转发动机或液泵，尽量排尽液泵内存水，擦净机组外表污迹。

（3）按使用说明书要求，定期更换液泵曲轴箱内机油。发现有因油封或（隔膜泵）膜片等损坏，曲轴箱进入水或药液，应及时更换损坏零件，同时将曲轴箱用柴油清洗干净，再更换全部机油。

（4）当防治季节完毕，机具长期存放时，应严格清除泵内积水，防止冬季冻坏机件。

（5）卸下三角带、喷枪、喷雾胶管、喷杆、混药器、吸水滤网等，清洗干净并晾干，有条件可悬挂起来存放。

（6）活塞隔膜泵长期存放时，应将泵内机油放净，用柴油清洗干净，然后取下泵的隔膜和空气室隔膜，清洗干净，放置阴凉通风处，防止腐蚀和老化。

（7）长期存放时，应将机具放在干燥通风处，避免露天存放或与农药、酸、碱等腐蚀性物质放在一起。

四、常温烟雾机

常温烟雾机是利用压缩空气（或高速气流），在常温下使药液雾化成小于 $20\mu m$ 的烟雾的机具。主要用于农业保护地大棚温室内蔬菜、花卉等的病虫害防治，进行封闭性喷洒。

（一）施药前的准备工作

1. 施药的气象条件

防治作业以傍晚、日落前开始为宜，气温超过 32℃ 时不宜作业；有大风时应避免作业，防止室内空气流出、外界空气流入，确保防治效果。此外，因季节和气候关系，若室内不会形成高温状态（30℃以上），在白天也可施药。

2. 机具检查和调整

（1）空压机部分。常用压力为 1.0~1.6MPa，指针摆动过大时旋紧表阀，以便保护压力表。压力偏低时，检查各连接处有无漏气，喷嘴帽有无松动，车架下部排放口是否开放。压力偏高时，检查喷嘴喷片、空气胶管是否有堵塞（略有升高并非故障）。注意空气压力不要用到 3MPa 以上。

（2）空气胶管、连接线。把风机电源线、空气胶管接到空压机部分的插座和空气出口上，尤其连接线的插头，插入后要往右转动锁紧，以免机器运转时因振动而脱落。

（3）喷雾部分。风机电机和连接线的连结采用了防水插头和插口，要牢牢地插入往右转动锁紧。空气胶管也要连结牢固。

（4）喷量检查。按机具使用说明书检查调整喷量。常温烟雾机的喷量、一般农药为 50mL/min 左右，喷量过少或过多都会影响防治效果。检查调整时使用清水试喷，同时检查各连结处、密封处有无渗漏现象。

（二）施药中的技术规范

（1）空压机小车使用时放在棚外水平稳定的场所，不可雨淋。特别是控制系统和电源接头应避免与水汽接触。

（2）将喷射部件和升降部件置于棚室内中线处，离门 5~8m，调好喷筒轴线与棚室中线平行。根据作物高低，调节喷口离地 1m 左右高度和 2°~3°仰角。

（3）接通电源，启动空气压缩机，先将药箱中的药液用压缩空气搅拌 2~3min，然后开始喷雾施药。喷出的雾不可直接喷到作物上或棚顶、棚壁上。在喷雾方向 1~5m 处作物上应盖上塑料布，防止粗大雾滴落下时造成作物污染和药害。

（4）喷雾时操作者无须进入棚室，应在室外监视机具的作业情况，不可远离。发现故障应立即停机排除。

（5）严格按喷洒时间作业，到时关机。先关空压机，5min后再关风机，最后关漏电开关。

（6）戴防护门罩、穿防护衣进棚，取出喷射部件和升降部件。

（7）关好棚室门，密闭6h以上才可开棚。

（三）施药后的技术处理

（1）作业完将机具从棚内取出以后，先将吸液管拔离药箱，置于清水瓶内，用清水喷雾5min，以冲洗喷头、管道。然后用拇指压住喷头孔，使高压气流反冲芯孔和吸液管，吹净水液。

（2）用专用容器收集残液，然后清洗药箱、喷嘴帽、吸水滤网、过滤盖。擦净（不可水洗）风筒内外面、风机罩、风机及其电机外表面、其他外表面的药迹、污垢。

（3）使用一段时间后，检查空压机油位是否够，并清洗空气滤清器海绵。

（4）长期存放时，应更换空压机机油清除缸体积炭，并全面清洗。

（5）应将机具放在干燥通风的仓库内，不能和药、酸、碱等有腐蚀性物质放在一起。

第十三章　植保无人机

第一节　农用旋翼无人机组成与构造

一、旋翼

(一) 旋翼的功能

本质上讲旋翼是一个能量转换部件，它将发动机通过旋翼轴传来的旋转动能转换成旋翼拉力。旋翼的基本功能是产生旋翼拉力。飞行中，拉力的一部分用于支撑直升机，起升力作用，另一部分则为直升机的运动提供动力。飞行员操纵直升机改变飞行状态，主要依靠改变旋翼拉力的大小和方向来实现，因此，研究旋翼的空气动力及其工作情形是十分必要的。

(二) 旋翼桨叶

1. 旋翼的结构形式

直升机的旋翼由旋翼轴、桨毂和 2~8 片桨叶组成。旋翼的结构形式主要是指旋翼桨叶和桨毂连接的方式。这里介绍 4 种有代表性的旋翼结构形式。

(1) 铰接式旋翼。铰接式旋翼，是早期直升机最常见的一种结构形式，其桨毂具有 3 个铰 [即 3 个关节，水平铰 (水平关节)、垂直铰 (垂直关节) 和轴向铰 (轴向关节)]，桨叶同桨毂连接后，能分别绕 3 个铰作 3 种转动。

桨叶绕水平铰可以上下活动，这种运动称为挥舞运动；桨叶绕垂直铰的前后活动，称为摆振运动；而桨叶绕轴向铰的转动，则称为桨叶的变距运动。

（2）无铰式旋翼。一般所说的无铰式旋翼，是指在桨毂上取消了水平铰和垂直铰，仍保留了变距用的轴向铰。桨叶的挥舞运动和摆振运动，通过结构的弯曲变形来实现。

（3）万向接头式旋翼。这种结构形式的旋翼也叫"跷跷板"式旋翼，通常只有两片桨叶。它的桨叶与桨毂相连，并具有轴向铰用于改变桨叶角。与桨叶相连的桨毂下环，通过一对轴销与桨毂的上环相连；上环则用另一对轴销与桨毂的轴套相连，轴套由旋翼轴带动转动。与轴套相连的这对轴销，起水平铰的作用。这样，旋翼的两片桨叶不仅可以前后摆动，而且像个跷跷板，可一上一下地挥舞。

（4）星形柔性桨毂旋翼。星形柔性桨毂旋翼是用弹性轴承代替两个铰，并由层压弹性轴承和复合材料的星形板实现桨叶的挥舞、摆振和变距运动。

2. 桨叶的形状

（1）桨叶的平面形状。桨叶的平面形状常见的有矩形、梯形、混合梯形、翼尖后掠形等几种，较普遍采用的是矩形和混合梯形。矩形桨叶的空气动力性能虽不如梯形桨叶好，但矩形桨叶制造简便，所以仍得到广泛使用。为了使桨叶适宜于高速气流条件，有些直升机采用翼尖后掠形桨叶。直-5、米-8型直升机的旋翼和尾桨采用矩形桨叶，直-9直升机的旋翼桨叶也可视为矩形。

（2）桨叶的切面形状。桨叶的切面形状同机翼的切面形状相似，称为桨叶翼型。桨叶翼型常见的有平凸型、双凸型和对称型，一般用相对厚度、最大厚度位置、相对弯度、最大弯度位置

等参数来说明。

（三）旋翼桨毂

桨叶通过桨毂与旋翼轴相连接，作用在桨叶上的载荷都要通过桨毂传递给旋转轴及操纵系统，再传给机体结构。与桨叶相比，桨毂将面临的问题在某些方面是相似的，但有其特殊性。

桨毂在承受由桨叶传来的很大离心力的同时，在挥舞面及摆振面都要承受较大的交变载荷。这样，桨毂也就存在疲劳问题。桨毂任一个支臂主要受力元件的疲劳断裂一般会导致直升机的坠毁，这就使桨毂疲劳强度的重要性更为突出。

二、尾桨

（一）尾桨的功能

在机械驱动的单旋翼直升机上，尾桨是用来平衡旋翼的反扭矩；同时通过改变尾桨的推力（或拉力），实现对直升机的航向控制。另外，旋转的尾桨相当于一个安定面，能对直升机的航向起稳定作用；在有的直升机上，尾桨向上偏转一个角度，也能提供一部分升力。

（二）典型尾桨构造

1. 二叶"跷跷板"式

在轻型直升机上，二叶的尾桨通常采用"跷跷板"式结构，这种形式的尾桨与"跷跷板"式旋翼一样，它的两片桨叶的离心力在桨毂轴套上相平衡，而不传递给挥舞铰，因而大大减轻了挥舞铰轴承的负担，这样就可以选用比较小的轴承，而使桨毂结构更加紧凑、重量更轻。一般在结构布置上往往还把挥舞铰斜置一个角度，使其轴线与桨距操纵节点到桨毂中心的连线重合。在这样布置以后，当桨叶挥舞时，既避免了变距铰每转一次的周期变距运动，减少轴承的磨损，又不影响变距—挥舞的耦合要求

（挥舞调节）。

2. 多叶万向接头式

由于"跷跷板"式尾桨具有挥舞铰轴承，负荷较小，桨毂结构紧凑、重量轻，旋转面受力比一般无摆振铰的铰接式尾桨小等优点，所以有些多叶尾桨也采用与"跷跷板"式尾桨相类似的万向接头式尾桨结构，每片桨叶通过各自的变距铰与桨毂壳体相连接，而桨毂壳体又通过万向接头与尾桨轴相连接。

3. 多叶铰接式

对于三叶以上的尾桨，最常用的是铰接式尾桨，除早期个别直升机曾采用过全铰接式（即挥舞铰、摆振铰、变距铰）外，一般都没有摆振铰，称为半铰接式。这种尾桨的桨毂构造与铰接式旋翼桨毂的构造很相似。

三、传动系统

（一）传动系统的功能

直升机传动系统的主要作用是将发动机的动力传递给主旋翼和尾桨。来自发动机动力输出轴上的动力一般先经过减速器减速，之后由二级输出轴动力输出。对于主旋翼来说，通常情况下动力是通过锥齿轮啮合传递的；而对于尾桨来说，一般机构里会有一根长长的尾传动轴，在尾部依旧通过锥齿轮传递给轴向垂直的尾桨。直升机传动系统使主旋翼转动起来产生升力，使尾桨协调转动平衡扭矩，是直升机最重要的系统之一。

（二）传动系统的主要部件

1. 主减速器

其输入轴（主动轴）与发动机的输出轴相连，其输出轴（从动轴）也就是固定旋翼轴。通过主减速器把发动机的高转速（每分钟几千转至上万转）降低为旋翼的低转速（几百转甚至

100 多转，主减速器的特点是传递的功率大和减速比大）。在主减速器的输入轴处一般带有自由行程离合器（单向离合器）。此外，在主减速器上还有带动尾传动轴的输出轴。

2. 传动轴

包括发动机与主减速器之间的主传动轴及由主减速器向尾桨传递功率的尾传动轴。由于发动机直接与主减速器连接，没有单独的主传动轴。为了补偿制造及安装误差、机体变形及环境影响，传动轴往往还带有各种联轴节。细长的尾传动轴必须通过若干个轴承支持在机体上。

3. 尾减速器及中间减速器

尾减速器的输出轴是尾桨轴，输入轴与尾传动轴相连，一般由一对伞齿轮构成，输入轴与输出轴夹角一般为90°，由于尾桨转速较高，所以尾减速器的减速比不大。在尾传动轴有转折时还需要布置一个中间减速器，它也由一对伞齿轮组成，夹角取决于尾传动轴转折的要求，减速比一般为1，在某些轻型直升机上用一对甚至一个万向接头来代替中间减速器。

4. 旋翼刹车

一般布置在主减速器带动尾传动轴的输出轴处。在直升机着陆发动机停车后，借助旋翼刹车可以避免由于风或其他因素使旋翼及尾桨旋转。传动系统的主要受力元件往往在振动条件下工作，承受周期变化的载荷，必须特别注意其结构可靠性。由于传动系统是个高速旋转的部件，所以必须注意其静动平衡，以免加大直升机的振动。

四、操纵系统

（一）操纵系统的功能

操作系统是直升机的重要部件之一，驾驶员必须通过操纵系统来控制直升机的飞行，保持或改变直升机的平衡状态。直升机的纵向移动和俯仰运动、横向移动和滚转运动是分不开的，或者说是不独立的，因此直升机的空间虽有 6 个自由度，但实际上只需要 4 个操纵，这 4 个操纵分别是总距操纵、纵向操纵、横向操纵和航向操纵。它们分别由座舱操纵机构、操纵线系及自动倾斜器等组成。

（二）自动倾斜器的构造

直升机旋翼的挥舞控制机构称为自动倾斜器，旋翼的总距和周期变距操纵都是靠它来完成的。自动倾斜器，有多种不同的结构形式，但控制机理都是一样的。它们在构造上都应满足三方面要求：一是能随旋翼一起同步旋转；二是它能沿旋翼轴方向上下移动，以实现总距操纵；三是它能够向任何方向倾斜，以实现周期变距操纵。

第二节　植保无人机飞行的基本操作

一、地面滑行

地面滑行主要由起降操作手执行。姿态遥控和舵面遥控的手法一致，主要通过左手左右控制方向舵摇杆操纵。

二、爬升

爬升主要由飞行操作手执行，各高度爬升均保持节风门在100%。爬升时保持飞行状态的方法与平飞基本相同，其特点如下。

根据地面站地平仪位置关系检查与保持俯仰状态。根据当时的飞行高度将俯仰角保持到理论值，使用姿态遥控控制。如俯仰角高或低，应柔和地向前顶杆或向后带杆，保持好正常的关系位置。

大型、小型植保无人机爬升时，油门较大，螺旋桨扭转气流作用较强，左偏力矩较大，必须适当扭右舵，才能保持好飞行方向。

爬升中，如速度变小太多应迅速减小俯仰角。

长时间爬升，发动机温度容易升高，要注意检查和调整。

三、平飞

平飞主要由飞行操作手执行。各高度平飞均保持节风门在适当位置。

平飞时应根据界面上地平仪位置关系，判断飞机的俯仰状态和有无坡度；根据目标点方向，判断飞行方向；不断检查空速、高度和航向指示；同时观察发动机指示，了解发动机工作情况。

平飞时，作用在飞机上的各力和各力矩均应平衡。飞机的平衡经常受各种因素的影响，使飞行状态发生变化。飞行中，应及时发现和不断修正偏差，才能保持好平飞。其主要方法如下。

一是根据地平仪位置关系检查与保持俯仰状态。根据当时的飞行高度将俯仰角保持到理论值，使用姿态遥控控制。如俯仰角高或低，应柔和地向前顶杆或向后带杆，保持正常的关系位置。

二是根据飞机标志在地平仪天地线上是否有倾斜来判断飞机有无坡度。如有坡度，向影响飞机倾斜的反方向适当压杆修正。飞机无坡度时，注意检查航向变化。如变化较大，应向反方向轻轻扭舵杆，不使飞机产生侧滑。

三是根据目标点方向与飞机轨迹方向，检查与保持飞行方向。如飞机轨迹方向偏离目标点，应检查飞机有无坡度和侧滑，并随即修正。如果轨迹方向偏离目标5°以内，应柔和地向偏转的反方向适当扭舵杆，当轨迹方向对正目标点时回舵；如偏离目标超过5°，应协调地适当压杆扭舵，使飞机对正目标，然后改平坡度，保持好预定的方向。

四是由于侧风影响，会使飞机偏离目标。此时，应用改变航向的方法修正。

四、下降

下降主要由飞行操作手执行。各高度下降均保持节风门在适当位置。

下降时保持飞行状态的方法与平飞基本相同，其特点如下。

一是根据地平仪位置关系检查与保持俯仰状态。根据当时的飞行高度将俯仰角保持到理论值，使用姿态遥控控制。如俯仰角高或低，应柔和地向前顶杆或向后带杆，保持好正常的关系位置。

二是大型、小型植保无人机下降时，由于收小油门后螺旋桨扭转气流减弱，飞机有右偏趋势，必须抵住左舵，以保持飞行方向。

三是下降中，速度过大时，应适当增加带杆量，减小下滑角。

五、平飞、爬升、下降3种飞行状态的变换

（一）爬升转平飞

注视地平仪，柔和地松杆，然后收油门至45%。当地平仪的位置关系接近平飞时，保持，使飞机稳定在平飞状态。

如果要在预定高度上将飞机转为平飞，应在上升至该高度前10~20m，开始改平飞。

（二）平飞转下降

注视地平仪，稍顶杆，同时收油门至15%。当地平仪的位置

关系接近下降时，保持，使飞机稳定在下降状态。

（三）下降转平飞

注视地平仪，柔和地加油门至 45%，同时拉杆。当地平仪的位置关系接近平飞时，保持，使飞机稳定在平飞状态。

如果要在预定高度上将飞机转为平飞，应在下降至该高度前20~30m，开始改平飞。

（四）平飞转爬升

注视地平仪，柔和加油门至 100%，同时稍拉杆转为爬升。当机头接近预定状态时，保持，使飞机稳定在爬升状态。

平飞、爬升、下降转换时易产生如下偏差。

一是没有及时检查地平仪位置关系，造成带坡度飞行。

二是动作粗，操纵量大，造成飞行状态不稳定。

三是平飞、爬升、下降 3 种飞行状态变换时，推杆、拉杆方向不正，干扰其他通道。

六、转弯

（一）转弯操纵方法

1. 平飞转弯

（1）转弯前，观察地图，选好退出转弯的检查方向，根据转弯坡度的大小，加油门 5%~10%，保持好平飞状态。

（2）注视地平仪，协调地向转弯方向压杆扭舵，使飞机形成 10°（以此为例）的坡度，接近 10°时，稳杆，保持好坡度，使飞机均匀稳定地转弯。

（3）转弯中，主要是保持好 10°的坡度。如坡度大，应协调地适当回杆回舵；坡度小，则适当增加压杆扭舵量。

机头过高时，应向转弯一侧的斜前方适当推杆并稍扭舵；机头低时，则应适当增加向斜后方的拉杆量并稍回舵。

当转弯中同时出现两种以上偏差时，应首先修正坡度的偏差，接着修正其他偏差。

（4）转弯后段，注意检查目标方向，判断退出转弯的时机。当飞机轨迹方向离目标方向 10°~15°时，注视地平仪，根据接近目标方向的快慢，逐渐回杆。

2. 爬升转弯和下降转弯

爬升转弯和下降转弯的操纵方法与平飞转弯基本相同，其不同点如下。

（1）爬升转弯节风门为 100%。转弯前，应保持好爬升状态；转弯中，注意稳住杆，防止机头上仰，保持好地平仪的位置关系；退出转弯后，保持好爬升状态。

（2）下滑转弯节风门为 15%。转弯中，应保持好下滑状态。

（二）转弯时易产生的偏差

（1）进入和退出转弯时，动作不协调，产生侧滑。

（2）转弯中，未保持好机头与天地线的位置关系，以致速度增大或减小。

（3）转弯后段，未注意观察退出转弯的检查目标方向，以致退出方向不准确。

第三节 植保无人机作业技术规范

一、作业前的准备

（一）确定任务量及设备

以植保作业面积来准备相应的植保无人机设备，例如作业面积 2 500 亩（平原地形），如要求 3d 完成，则植保无人机需要每天作业 833 亩。而植保团队植保无人机作业效率为 300 亩/d，需要准备3台植保无人机，考虑设备的冗余性还可以准备一台备用机。

（二）设备以及人员准备

1. 电池

每机建议配置6~8组，数量过少有可能导致电池保障不足或电池高温充电损害电池使用寿命。

2. 配件

如螺旋桨、电调等配件。

3. 维修工具

虎钳、内六角套装、剪刀、牙刷等工具（牙刷主要用来排除喷头堵塞，喷嘴配件可以在故障无法排除时更换喷嘴）。

4. 通信工具

对讲机一定要使用合格产品，否则因产品质量低劣造成作业摔机，将得不偿失。

5. 配药工具

大桶：配置农药的容器，要带有刻度。

母液桶：配置母液的容器，配好后倒入大桶。

小桶：10L装小桶，配好的药液装入小桶，随时备用。

漏斗（带滤网）：方便药液倒入及过滤。

6. 防护设备

眼镜、口罩、工作服、遮阳帽、手套。

注意：一定要建立点检表，避免忘带设备。

7. 转场设备

整机箱：运输时装入，防撞、隔绝气味。

电池箱：收纳、防撞、防自燃扩散。

8. 发电机

部分作业地区远离居民区，或者无电网覆盖，必须由发电机来提供电源。发电机发电功率相对于充电器，用电功率必须有一定量的冗余，以使发电机在良好状态下工作。例如，如果充电器输出功率为 2 400 W，尽量选用 3 000 W 的发电机进行使用。

9. 人员准备

一台电动多旋翼植保无人机需要 1 名飞手、1 名观察员、1 名地勤。不同的作业模式与分工存在不同的情况，但总体在 2～3 人。

飞手：主要的植保无人机操作人员。

观察员：B 点观察人员。

地勤：作业保障人员，包括配药、加药、充电等工作。

(三) 药剂准备

如果是由植保队提供农药，则需在出发之前根据作业量准备相应的农药。如果是用户自备农药，则需事先沟通，请用户准备飞防适合的水基化药剂，如水乳剂、微乳剂、悬浮剂、水剂等。如果沟通不当或者缺乏沟通，用户准备的都是粉剂或者是可湿性粉剂，将有可能导致作业效率下降甚至无法完成任务。

注意：不使用高毒农药、不使用无标签农药、不使用三证不齐农药。

(四) 植保无人机状态检查

作业之前一定要对植保无人机的状态进行确认，以保证作业顺利进行。

1. 摇杆模式确认

因为定义的不同，现在市场存在两种不同的摇杆模式，也就是美国手与日本手。在一个团队内应统一摇杆模式，以避免因摇杆模式错误而造成摔机。

(1) 操作陌生设备之前，一定要确认摇杆模式。

(2) 更改摇杆模式之后，启动电机时，应降低油门，查看摇杆模式是否正确。

2. 磁罗盘注意事项

（1）磁罗盘易受干扰，请勿接近强磁性物质。例如，在铁壳船上起飞与降落，或者是与铁塔过度靠近都具有故障风险。

（2）植保无人机闲置时间过长，起飞前应校准磁罗盘。例如，植保无人机闲置一个冬天后，春天作业前一定要校准磁罗盘。

（3）植保无人机长距离迁徙时应校准磁罗盘。例如，从山东到新疆作业，一定要校准磁罗盘。

3. 动力系统状态确认

（1）螺旋桨安装是否紧固。如螺旋桨安装不规范，易产生振动甚至机身晃动。

（2）电机旋转是否顺畅。如果有杂音或者是旋转阻力过大，需考虑电机损坏，应排除故障后方能起飞。

（3）电机动平衡是否良好，如果发现植保无人机明显振动过大（机臂摆动过大、喷头晃动），需更换电机。

4. 喷洒系统状态确认

（1）喷头喷洒是否正常，如堵塞需清洗过滤网与喷头，堵塞严重需更换。

（2）水管有无破损、故障、起包，如存在问题需及时更换，避免在空中发生爆管，从而产生药害。

（3）药箱是否清理干净，如清理不干净存在药物残留，有可能存在药物混合反应，降低药效甚至产生药害。

5. 动力电池状态确认

（1）锂电池电量是否充足，避免在低电压情况上电。

（2）锂电池插头金属部分（包括植保无人机插头金属部分）是否有明显打火痕迹，表面是否有黑色氧化物，如明显发黑，需考虑更换插头。

（3）插头是否完全插入，不可存在缝隙，否则将有可能导致插头过热，甚至空中停机。

（五）人员防护

（1）作业过程中，应对暴露在外的人体部分如手、脚、眼睛以及呼吸系统进行保护，必要的防护服、眼罩、口罩、手套、雨靴等必须进行装备，以保障人身安全。操作人员必须佩戴口罩，并应经常换洗。作业时携带毛巾、肥皂，随时洗脸、洗手、漱口，擦洗着药处。

（2）禁止处于下风向、顶风作业。人员应处于作业区域上风向或侧风向。

（3）工作中禁止饮食。手应彻底洗净后，才能饮食。

（4）禁止靠近正在飞行的植保无人机作业人员，必须与飞行中的植保无人机保持 5m 以上的安全距离，并且必须在植保无人机完全停止转动后方可接近。

二、作业之后需要做的工作

（一）农药容器处理

农药空瓶、空袋不可随意丢弃，因其含有农药，有可能造成二次环境污染。农药包装应进行统一回收，由农药供销社回收。现在农药包装物越来越精制、美观，切不可因此而将其留作他用，更不可用以盛装食品、饲料、粮食。

（二）植保无人机处理

植保无人机作业完毕后，在机身、机臂、电机、螺旋桨、脚架之上会存在大量的农药附着物。农药附着会腐蚀机体，所以必须每天进行清理，以使植保无人机保持良好状态。

（三）工作结束之后的充电工作

当天工作结束之后，应对电池进行充电以满足第二天工作需求。从锂电池使用特性考虑，在晚上的充电工作可以使用较小电流进行充电。例如，大疆农机充电管家可一次连接 12 块电池进行充电，使用慢充进行充电不仅可以延长电池寿命，对住处电路功率要求也较低。

（四）设备转运

1. 转运前准备

（1）在运输之前一定要将植保无人机进行清洁，并去除表面农药残留，清空药箱残液，并且应多次用清水清洗喷雾系统，运输时不应放置电池。

（2）应将植保无人机进行折叠再进行运输，不可在展开状态下进行运输。

（3）无论是展开状态下还是折叠状态下的植保无人机，应由两人共同抬大臂进行搬运，禁止抬小臂。

（4）机臂以及螺旋桨应用桨托进行固定，禁止在未固定的情况下进行运输。如机臂和螺旋桨未进行固定，机臂以及电机将有可能与周边物体发生碰撞造成损伤。

（5）机体应以正常脚架着地进行放置，不可倒置，不可斜置。长途运输时，必须将设备固定好，并且在机身四周留有一定空间，避免机身发生晃动碰撞而损坏植保无人机。

2. 电池与充电器运输

必须将电池整齐装入防爆箱，避免散放。例如，某植保队转运时，其中一块电池燃烧，造成植保无人机、多块电池受损，最终损失较大。如将电池放入防爆箱，则可以避免损失扩大。

3. 车辆

运输作业完毕之后的植保无人机，不能完全关闭车窗，开启空调内循环，否则机身以及药箱残留的药液进行挥发，将有可能导致人员中毒，应开启车窗，保持内外空气流通。

4. 设备存储

（1）植保无人机应保存在干燥的环境当中，温度为-20～40℃，以25℃为最佳。

（2）植保无人机在长期保存之前应彻底清洗喷头、药箱、水泵、防涌装置等。

（3）电池应将电压保持在3.85V左右进行保存，可使用充电器的储存功能达到储存要求，并每隔40~50 d进行1次完整的充放，如放电条件不足，可使用充电器的储存模式进行补电操作。

（4）电池严禁满电长期存放，否则将导致电池鼓包。

主要参考文献

李源，丁和明，淡振荣，2015. 农作物病虫害专业化防治员［M］. 北京：中国农业科学技术出版社.

律涛，刘建晓，李宏霞，等，2022. 农作物病虫草害统防统治［M］. 北京：中国农业科学技术出版社.

谢红战，王海峰，宋远平，2016. 农作物病虫害防治员［M］. 北京：中国农业科学技术出版社.